人生逆转
励志经典

万平◎著

国文出版社

·北京·

图书在版编目（CIP）数据

人生逆转励志经典 / 万平著. -- 北京：国文出版
社，2025. -- ISBN 978-7-5125-1856-8

Ⅰ. B848.4-49

中国国家版本馆 CIP 数据核字第 2024H2Q518 号

人生逆转励志经典

著　　者	万平
责任编辑	宋亚晅
责任校对	卜春娇
出版发行	国文出版社
经　　销	全国新华书店
印　　刷	三河市金兆印刷装订有限公司
开　　本	880毫米×1230毫米　　　32开
	5印张　　　　　　　104千字
版　　次	2025年4月第1版
	2025年4月第1次印刷
书　　号	ISBN 978-7-5125-1856-8
定　　价	59.80元

国文出版社

北京市朝阳区东土城路乙 9 号　　邮编：100013
总编室：（010）64270995　　传真：（010）64270995
销售热线：（010）64271187
传真：（010）64271187-800
E-mail：icpc@95777.sina.net

前　言
PREFACE

在人生的广阔舞台上，每个人都是自己生命的主宰，可也时常有被命运之手拨弄的感觉。有时，我们仿佛置身于连绵不绝的霉运之中，天空布满阴霾，每一步都似乎踏在泥泞与荆棘之上。幸运的是，命运并非天然注定，我们完全可以通过自身的智慧和努力，找到逆天改命的途径。

与其畏惧逆境，不如将其视作一次次自我挑战的机会。在生活的每一个阶段，我们都可能面临这样或那样的困难，而真正能够改变命运的，是那些敢于接受挑战并竭尽全力去克服困难的人。书中强调"人定胜天"的信念，就是希望能激发每一位读者心中的斗志，让我们明白，只要始终坚持不懈、勇往直前，命运终将因我们的努力而改写。

书中通过具体案例和理论分析，揭示了在逆境中转运的关键要素，帮助读者理解如何在霉运中发现曙光，如何突破命运的枷锁，如何利用各种转运的关键力量来实现自己的目标。它不仅关注个体在低谷时的心理调整和行动策略，还探讨了在面对强大对手时如何巧妙应对，从而获得最终的胜利。同时，书中的理论与实践紧密结合，深入浅出，帮助读者将复杂的命运管理变得简单易行。

　　无论你是职场上的挑战者，还是创业道路上的探索者，抑或在个人成长中遭遇瓶颈的不幸者，都能从中获得启发和帮助。通过阅读本书，你将学会如何在逆境中保持冷静，找到转运的钥匙，并最终实现人生的突破与辉煌。只要你是希望改变自身命运、走出人生困境的人，这本书都会为你提供宝贵的智慧和强大的力量。

目 录
CONTENTS

第一章
霉运中的曙光

在生命的长河中，我们难免会遭遇不顺，霉运的降临就像是人生中突如其来的暴风雨。然而，正是这些挫折和困境，让我们有机会重新审视自己的命运，并从中找到转运的契机。让我们从觉醒到转变，理解这些困境背后的深意，并学会如何从逆境中找到希望的曙光。

天降霉运于斯人也

　　　　每一个不幸的降临都是命运给人的重要考验，要能够借助这所谓的"不幸"激发出内心深处的勇气。

　　人生的起伏如同潮汐，有时高涨，有时低落。在每个人的一生中，不免会遇到一些不如意的时刻，这些时刻常被称为"霉运"或"厄运"。我们在面对这些困境时，常常会感到无助和沮丧，仿佛整个世界都在与我们作对。然而，霉运不仅仅是我们个人命运的偶然事件，它也反映出一些深刻的生活道理，考验我们的人生态度。

　　霉运并不是不可避免的灾难。生活中的每一次困境，其实都是一种考验，一种机会。面对霉运时，我们常常陷入负面情绪，认为这些困境是对我们的一种惩罚。然而，霉运的本质并不在于它带来的具体痛苦，而在于它如何影响我们的心理和行动。历史和现实生活中都有许多例子可以证明，真正的灾难往往能催生出新的机遇，促进人的成长。

　　在现代社会，霉运的表现形式多种多样，如失业、疾病、意外事故等。但正是这些困境，让我们重新审视自己的生活和价值观。例如，在经济危机期间，许多企业和个人面临前所未有的挑战。美国2008年的金融危机导致大量企业倒闭，失业率飙升。然而，这场危机也催生了一系列的新兴行业和创新企业，比如科技创业和绿色经济，最终推动了经济结构的转型和升级。

个人生活也是如此。许多人在遭遇失败和挫折后，才真正找到了自己的激情和方向。著名的英国作家J. K. 罗琳，在成为畅销书作家之前，生活充满了挑战和困难。J. K. 罗琳在英国埃克赛特大学主修法语和古典文学。大学毕业后，J. K. 罗琳没有选择回家，而是前往葡萄牙担任英语老师。在那里，她遇到了乔治，并与之结婚。然而，这段婚姻并不幸福。乔治吸毒且家暴，最终在女儿两个月大时将罗琳和女儿赶出住所。离婚后，罗琳带着女儿回到英国，生活陷入贫困。她依靠政府救济金和借来的钱住在出租屋，生活十分艰难。但就是在这段时间里，她仍坚持写作，常在咖啡馆里度过一整天，只为省下暖气费。这一段生活对罗琳而言是身心俱疲的，但也是她创作《哈利·波特》系列的关键时期。

J. K. 罗琳在乘坐火车从曼彻斯特到伦敦的途中构思了《哈利·波特》的故事。尽管面临经济压力和个人生活的困境，她没有自暴自弃，而是将自己对魔法世界的想象和对现实生活中困境的反思融入故事。罗琳把个人的痛苦和希望投射到了哈利·波特的冒险故事中，使之成为充满魔法和奇迹的叙事。

　　J. K. 罗琳完成《哈利·波特与魔法石》的手稿后，将其寄给多家出版社，最初遭到了多次拒绝。但她没有放弃，继续寻找出版机会。最终，布隆姆斯伯里出版社的一位编辑被她的手稿吸引，并决定出版这本书。《哈利·波特与魔法石》于1997年出版后，迅速产生了巨大的反响，随后的系列作品更是声名大噪，全球销量达数亿册，并被成功改编为电影。

　　J. K. 罗琳是一个面对逆境勇敢坚持和创意无限的榜样。她的个人经历和她创造的魔法世界一样，充满了挑战和奇迹，激励着无数读者和作者。

　　面对霉运，我们要明白：真正的挑战往往不是外部的困境，而是我们的心理状态。如何面对困难，决定了我们能否从中吸取教训并成长。积极的心态和正确的行动可以将困境转化为成长的机会。

　　霉运虽然让人感到痛苦，但它也为我们的成长和改变提供了契机。正如一些成功人士所言，成功的道路上充满了挫折和困难，每一次的失败和困难，都是通向成功的必经之路。我们在遭遇霉运时，要学会从中提炼经验和教训，将这些经验转化为未来成功的基石。

　　因此，天降霉运于斯人也，并非一种绝望的命运，而是一种考验和挑战。我们应该以积极的心态面对困境，学会从中汲取经验和力量。正如风雨后会出现彩虹，霉运过后，我们往往能迎来更加灿烂的阳光。每一个经历过霉运的人，最终都会发现，这些经历不仅没有打败他们，反而让他们变得更加坚强和成熟。生活中的每一次困境，都是成长和发展的契机。我们只要保持信念，积极应对，就一定能够迎接更加美好的未来。

从坏到糟的那一刻

当厄运积重难返时，往往一切变得更加棘手。然而，谷底深处，转机暗藏，绝望中孕育着希望之花。

从坏到糟的那一刻，其实是我们生活中常常会遇到的一种状态。想象一下，你本来只是摔了一跤，没想到后面竟然有一连串的倒霉事接踵而至。这种时候，我们往往会感到无力、沮丧，甚至不知所措。那么，到底是什么原因导致了从坏到糟的突变呢？

有时候，生活中的小烦恼累积到一定程度，就可能引发更大的问题。就像是一个气球，充气过多，就会"砰"的一声爆炸。我们在生活中也会经历类似的情况，许多小问题如果没有及时解决，可能会造成更大的麻烦。

2017 年，某地发生了一起较为轰动的火灾，却是一个小小的电线短路导致的。当时的火势不大，但由于周边环境杂乱，消防人员无法及时到达，待到火势增大后相继引燃周边的建筑物，最终造成了多人不幸伤亡的大事故。这个过程就是从坏到糟的真实写照，最开始不过是一个小故障，但若是没有得到及时处理、关注，这个问题就会像滚雪球一样越滚越大，导致难以挽回的后果。

2010 年发生在墨西哥湾的"深水地平线"石油漏油事故至今令人印象深刻。事故起初是一块小小的阀门故障，几乎没人把它当回事。可惜的是，缺乏及时的检查和维护，问题不断累积，最终导致了惨烈的后果——数百万桶原油泄漏到墨西哥湾，造成严重的环境污染、经济损失、生态毁坏。可以说，这个最初的小问题，如果在当时能够得到足够重视，或许就可以避免后来的灾难性后果。这个事故就是一个警示，我们在日常生活中要避免小问题发展成大麻烦。

从坏到糟的过程同样体现在个人生活中，比如人际关系的处理。在朋友之间，有时因为琐碎的误会未能及时沟通，起初只是朋友吃醋、怀疑对方的友谊，但当时间拉长没及时修复这种关系，最后可能就连彼此都完全不愿意说话了。看似简单的小事，若是处理不当，竟也会让一段友谊从坏到糟。我们都知道，良好的沟通是维持关系的重要方式。假设在一段感情中，一个小争吵没有及时处理，就可能演变成一场无休止的冷战，甚至导致双方关系破裂。若是能够在矛盾初始时及时沟通、坦诚相对，或许这一切都能化解。

生活中的很多事情都像是在走钢丝，时时刻刻都有可能会从坏到糟，让人防不胜防。当我们意识到生活中有太多不确定性时，我们不仅要对小问题给予关注，更要明白及时解决问题的重要性。

无论是工作中的小失误，还是生活中的琐碎事务，我们都有必要在面对这些问题时，及时分析、调整解决方案。最终，生活的好坏掌握在我们自己的手中。生活的转折往往就在某个小细节，你永远无法预料到哪个小问题会堆积成更大的麻烦，所以，保持一份警觉，才能在困难和挑战面前拥有一颗淡定的心。

霉运不来，岂知转运之妙

> 逆境识英雄，转运之美，唯经历者懂。只有经历过霉运的洗礼，才能真正体会到成功的甜美滋味。

当霉运如影随形时，我们总是想方设法让它离我们远去，然而在这过程中，似乎又总是忽略了一个事实：霉运的存在，正是为了让我们更深刻地体会到转运的乐趣。

1955 年的金秋九月，张海迪降生于济南一个书香家庭，她自幼是个爱笑爱闹、活泼可爱的小女孩。在那无忧无虑的童年时光里，她像是一只快乐的小鸟，在蓝天白云下自由翱翔，每一天都充满了欢声笑语。然而，命运似乎总爱在最不经意间开玩笑。1960 年，当 5 岁的张海迪在一次奔跑中不慎跌倒后，身体从胸部以下失去了知觉，从此，奔跑与跳跃成了遥不可及的梦想。5 年间，她经过三次大手术，但仍然高位截瘫了，张海迪的世界，仿佛一夜之间从阳光明媚变成了阴霾密布。

床榻成了她的新天地，窗外的风景成了她心中的向往。每当看到同龄的孩子们背着书包，欢笑着奔向学校，她的心便如刀绞般疼痛。她无数次地对母亲说："妈妈，我也要去上学！"然而，当时的学校不收残疾孩子。现实的残酷，让这份简单的愿望变得遥不可及。学校的大门，对她而言，仿佛被一道无形的墙隔开。她只能隔着绿色的栅栏，默默注视着那些奔跑的身影，泪水在眼眶中打转，却只能默默承受。

然而，张海迪并未因此放弃对知识的渴望。在父母的鼓励下，她开始了一段自学成才的艰难旅程。书籍成了她最亲密的伙伴，她以惊人的毅力和智慧，自学拼音、查字典，逐渐掌握了阅读和写作的能力。小学、中学的课程，她通过自学一一完成，用知识的光芒照亮了心中的黑暗。她在日记中写道："我不能碌碌无为地活着，活着就要学习，就要多为群众做些事情。既然是颗流星，就要把光留给人间，把一切奉献给人民。"1970 年，命运再次起了波澜。张海迪随父母下放至莘县一个偏远贫困的农村，那里没有电灯，没有自来水，生活条件极其艰苦。但对她而言，这些外在的困难并不能阻挡她内心的热情与追求。她看到乡亲们因缺医少药而饱受病痛折磨，便萌生了学医的念头。在简陋的条件下，她自学医学知识，甚至在萝卜上练习针灸。每当看到乡亲们因她的治疗而康复，她的心中便充满了无比的喜悦和成就感。她说："活着就要做一个对社会有用的人。"这句话，不仅是对自己的鞭策，更是对生命的深刻理解与诠释。

在莘县的时光里，张海迪以乐观向上的精神，奉献着自己的青春与热血。她为群众治病达一万多人次，受到乡亲们的广泛赞誉。她的名字，如同一股清泉，滋润了乡亲们干涸的心田。1982 年，她光荣地加入了中国共产党。1983 年，《中国青年报》发表了她的文章《即使是颗流星，也要把光留给人间》，这篇文章如同一颗璀璨的星辰，照亮了无数青年的心灵。她用自己的经历，回答了关于人生观和价值观的深刻问题，激励着一代又一代人勇往直前。同年，她被授予"全国优秀共青团员"称号，中共中央也下发了《向张海迪同志学习的决定》，邓小平亲笔题词："学习张海迪，做有理想、有道德、有文化、守纪律的共产主义新人！"

在文学的道路上，张海迪同样绽放出了耀眼的光芒。她以笔为剑，以文为舟，在命运的海洋中破浪前行。她先后出版了 200 多万字的作品，包括长篇小说《轮椅上的梦》《绝顶》《天长地久》，散文集《生命的追问》《我的德国笔记》等。这些作品，不仅凝聚了她对文学的热爱与执着，更展现了她对生活的深刻洞察与哲思。她以文字为媒介，与读者分享着生命的感悟与力量，激励着每一个人在逆境中不屈不挠，奋勇向前。

1991 年，张海迪的鼻部被诊断出黑色素癌。在经历了第 6 次大手术后，她的身体状况变得极差，但她坚持就读吉林大学哲学系，攻读研究生课程。1993 年，张海迪成功获得学位，成为中国第一位坐在轮椅上的哲学硕士。此后，她更是荣誉不断，2013 年被英国约克大学授予荣誉博士学位，2015 年，美国麻省大学波士顿分校授予她艺术与人文荣誉博士学位。

然而，对于张海迪而言，最重要的始终是那份对社会的责任感和对残疾人的关爱。2008 年，张海迪当选中国残联主席。她经常去福利院、特教学校、残疾人家庭，看望孤寡老人和残疾儿童，给他们送去自己的礼物和温暖。她用自己的稿费为灾区和孩子们捐款，还积极关心帮助残疾人，激励他们自立自强。

张海迪，这位从不幸中崛起的生命斗士，用她的坚韧与智慧来面对霉运，命运发生了转变。她告诉我们，无论遭遇多大的困难与挫折，只要心中有光，脚下就有路。她用自己的行动证明了即使身处逆境，也能绽放出生命的光彩。她的故事，如同一盏明灯，照亮了无数人的前行之路，激励着我们在人生的旅途中，勇敢地面对挑战，不懈地追求梦想。

先认命，再转命

接纳现状，勇敢转身，命运由我不由天。接受现状并非放弃，而是为了寻找改变的力量。

在人生的长河中，每个人都是航行者，面对着浩瀚无垠的大海，时而一帆风顺，享受风平浪静的惬意；时而逆风而行，挣扎于惊涛骇浪之间。面对命运的安排，有人选择随波逐流，任其摆布；有人则选择逆流而上，以不屈的意志改写命运。其中的智慧，便在于"先认命，再转命"的哲学。

"认命"，并非消极认输，而是一种对现实的深刻理解和接纳。它要求我们在面对生活的种种不如意时，能够保持一颗平和的心，认识到世间万物皆有其运行规律。人生亦是如此，充满了不可预测与变数。正如古人所言："命里有时终须有，命里无时莫强求。"这并非宿命论，而是对生命无常的一种深刻体悟。

有一位中国作家深刻诠释了"认命"的智慧，他就是史铁生。在21岁那年，命运对史铁生开了一个残酷的玩笑——因病双腿瘫痪，这对于一个正值青春、满怀理想的年轻人来说，无疑是晴天霹雳。面对这样的打击，史铁生也曾有过绝望与挣扎，他刚坐上轮椅时，愤怒地责备命运的不公，情绪失控，家人成了他情感的出口，特别是他的母亲。然而，母亲从未埋怨他，还积极鼓励他，告诉他即使瘫痪，仍能有尊严地生活和工作。

史铁生开始反省自己的自私和懦弱，认识到人生并非幸与不幸的区别，而是两种不同境遇的比较。他写道："他被命运击昏了头，一心以为自己是世上最不幸的一个，不知道儿子的不幸在母亲那儿总是要加倍的——这样一个母亲，注定是活得最苦的母亲。"

从母亲对他的生命教育中，史铁生开始觉醒，他意识到人生的幸与不幸在于个人的态度。他将疾病交给医生，将命运交给上天，将快乐和勇气留给自己。他在《我与地坛》中坦言："在满园弥漫的沉静光芒中，一个人更容易看到时间，并看见自己的身影。"他开始深入地思考生命的意义，这是他对"认命"的深刻理解与实践。

在轮椅的束缚下，史铁生开始了一段艰难的内心之旅。他频繁地前往附近的地坛公园，那里成了他灵魂的栖息地。在那里，他观察四季更迭，聆听自然的声音，更重要的是，他与自己的内心进行了无数次的对话。这些经历让他逐渐认识到，尽管身体受限，但思想和情感却是自由的。他开始接受自己残疾的事实，但这并不意味着放弃追求生活的美好和价值的实现。相反，这种接受让他变得更加清醒，他开始思考如何用有限的生命去创造无限的价值。

"转命"则是在认清现实、接受现状的基础上，积极寻找改变命运的可能性，用行动去证明自己的不屈不挠。史铁生用行动证明了，即使身体残疾，也能拥有丰富而深刻的精神世界，也能成为影响时代的人物。他开始尝试写作，用文字记录自己的思考和感悟，用文字与世界对话。他的作品，如《我与地坛》《病隙碎笔》《扶轮问路》《务虚笔记》等，不仅记录了他个人的心路历程，更传达了对生命、爱情、信仰等深刻议题的独到见解，激励了无数读者。虽然双腿瘫痪，但史铁生创作出约350万字的作品，后历任中国作家协会全国委员会委员，北京作家协会副主席，中国残疾人联合会副主席。

史铁生的文字，充满了对生命的敬畏和对人性深刻的洞察。他没有被命运的不公所击垮，反而以一种超乎常人的坚韧，将个人的苦难转化为对世界的深刻理解和关怀。从他的故事中我们可以知道，真正的力量，不在于你拥有什么，而在于你如何使用你所拥有的，包括你的思想、情感和创造力。

纵观史铁生的一生，他教会我们面对生活的困境，首先要做的是冷静下来，接受现实，这是成长的第一步，也是智慧的表现。但接受并不意味着放弃，而是在此基础上，寻找属于自己的道路，用行动去改变命运，实现生命的价值。史铁生的转命，不仅仅是个人命运的转变，更是他对社会、对人类的贡献，他用文字照亮了无数人的心灵，证明了即使在最艰难的环境下，人类的精神也能绽放出耀眼的光芒。

"先认命，再转命"，不仅是一句口号，更是一种生活智慧，它提醒我们，在面对生活的风雨时，既要保持一颗平和的心，又要怀揣不灭的梦想，勇敢地走出属于自己的路。

逆水行舟，不进则退

逆流而上，勇往直前，方能抵达彼岸。逆水行舟，只有不断前行，才能逐渐走出困境，迎来新的希望。

总有一些人，他们的一生如同逆水行舟，面对重重困难与挑战，却从未放弃，始终勇往直前。清代文学家蒲松龄，便是这样一位在逆境中不懈奋斗，最终成就一番事业的杰出代表。他的一生，是对"逆水行舟，不进则退"这一人生哲理的生动诠释。

蒲松龄，字留仙，号柳泉居士，出生于山东淄川的一个破落地主兼商人家庭。尽管家境并不富裕，但蒲松龄自幼便展现出了非凡的文学天赋和对知识的渴望。他酷爱读书，学习刻苦，希望通过科举考试，走上仕途，光宗耀祖。

顺治十五年（1658年）的春天，十九岁的蒲松龄在童子试中连夺县、府、道三试榜首。这位被山东学政施闰章赞为"观书如月，运笔如风"的少年才子，仿佛看见仕途的青云梯已铺就在眼前。然而命运却在此时露出狡黠的微笑——此后五十年间，这个在文学世界里纵横捭阖的奇才，竟在科举考场上屡战屡败。当同龄人早已朱衣蟒袍时，他仍要背着干粮袋徒步百里赴考，青衫布履间沉淀着越积越厚的落第卷宗。这种荒谬的错位，恰似湍急河流中的孤舟，任凭舟子如何奋力划桨，总被无形的漩涡推向原点。

康熙九年（1670年）的深秋，蒲松龄在宝应县衙做幕僚时，常在运河码头上看纤夫们弓腰跋涉。那些古铜色的脊梁在烈日下泛着油光，纤绳深深勒进肩胛，每寸前行都要与逆流角力。这种原始的生命图景突然击中了他——这不正是读书人的宿命？当他在幕府文牍堆里机械地写着"等因奉此"时，当他在八股范文里重复着圣贤牙慧时，某种更炽热的创作冲动正在心底翻涌。就像纤夫必须将身体弯成满弓才能前进，文人亦需在精神困局中完成自我救赎。

为了养家糊口，蒲松龄不得不开始四处奔波，寻找生计。1679年，蒲松龄开始在毕际有家中做塾师，教授学生。1679年3月，他已作成之狐鬼小说初步结集，定名《聊斋志异》。此地，蒲松龄仿佛找到了归属感，一待便是三十余载春秋。毕家有丰富的藏书，蒲松龄得以借此机会广泛阅读，积累知识。他一边执教鞭育人，一边广泛搜集各类素材，全身心投入《聊斋志异》的创作之中。为了丰富故事情节，他曾经在老槐树下支起了一个茶摊。他热情地招呼着来来往往的行人，提出喝茶免费，但有个条件，那就是要讲一个故事来换。过往的路人中，有行商走贩的商人，有上山寻觅药材的村民，还有四处游历的文人墨客。他们讲述的故事千奇百怪，各有千秋。蒲松龄听得津津有味，无论故事如何，他都全神贯注。回到家中，他便会立即将听到的故事记录下来，等到闲暇时，再将这些故事编织成完整的篇章。在创作过程中，他将科场失意的苦涩酿成墨汁，把民间传说的野性融入笔端，在《考城隍》《叶生》等篇中，那些困顿场屋的读书人魂魄不灭，在幽冥世界继续追寻着未竟的理想。这种现实与幻境的交织，恰似逆水行舟者在激流中创造的平衡之术——既要直面浪涛的冲击，又要在颠簸中保持创作的航向。

在创作过程中，蒲松龄还面临着来自社会的压力和质疑。当时的人们普遍认为，科举才是正途，文学创作只是旁门左道。蒲松龄的科举失败让他成为众人眼中的"失败者"，而他的文学创作更是被视为不务正业。然而，蒲松龄并没有被这些流言蜚语所动摇。他坚信自己的文学才华和创作价值，坚持走自己的路。他终于在文学的长河中找到了真正的锚点——那部"集腋成裘，妄续幽冥之录"的《聊斋志异》即将付梓。那些曾经嘲笑他"迂阔"

的乡绅不会懂得，这个屡试不第的老秀才，早已在文字构筑的平行宇宙里封侯拜相。他笔下花妖狐魅的悲欢离合，官场民间的世态炎凉，恰似逆水行舟时激起的浪花，在时光长河中折射出永恒的人性光芒。

回顾蒲松龄的一生，蒲松龄除了童生试比较顺利，一考而中外，其余 10 次乡试（《蒲松龄年谱》记载了 8 次）均以落第而告终，一生未考中举人。直到 1711 年，蒲松龄赴青州考贡，成为岁贡生。我们不禁为他的坚韧和毅力所感动。他用自己的实际行动，诠释了"逆水行舟，不进则退"的人生哲理。在科举失利的打击下，他没有选择放弃，而是勇敢地走上了自己的创作之路。在生活的压力和困难面前，他没有屈服，而是坚持自己的梦想和信念。他用自己的笔触，描绘了一个个鲜活的世界，用自己的作品，证明了自己的价值和存在。

第二章
打破命运的枷锁

　　每个人在生活中都会遇到难以突破的困境，这些困境就像是命运的枷锁，束缚了我们的行动。突破这些枷锁的关键在于抓住偶然的机会，深入自我认知，勇敢面对挑战，并不断从低谷中寻找智慧与勇气。

突破的契机：来自偶然的机会

> 机遇偶现，把握瞬间，改写命运轨迹。抓住稍纵即逝的机会，打破命运的枷锁。

在我们的人生旅途中，许多看似偶然的机会常常可成为突破困境的契机。历史的长河中，许多伟大成就背后，都是那些出乎意料的瞬间所引发的。偶然的机会常常改变了个人的命运，让一些看似平凡的人走上了不平凡的道路。

偶然的机会不仅仅是运气的产物，它们往往隐藏着深刻的道理。把握住这些机会需要敏锐的洞察力和勇于尝试的精神。正如爱因斯坦所言："在每一次危机之中，都蕴藏着巨大的机遇。"机遇常常是以挑战的形式出现的，而我们是否能够勇敢面对、积极应对，则决定了我们能否从中获得成长。

马云，一个曾屡遭失败的英语教师，最终却成为中国乃至全球电子商务领域的领军人物。这一转变的起点，可以追溯到一个看似不起眼的偶然机会。

1995 年，马云在美国出差期间首次接触到了互联网。当时，互联网在中国还处于萌芽阶段，大多数人对其一无所知。然而，马云却敏锐地察觉到了这一新兴技术的巨大潜力。回国后，他四处奔波，试图推广互联网，却屡遭冷眼和嘲笑。但正是这次偶然的接触，激发了马云对互联网事业的无限热情，也为他日后创立阿里巴巴埋下了伏笔。

几年后，当马云再次踏上美国的土地时，他遇到了一个名叫蔡崇信的投资人。蔡崇信原本是一家投资公司的高管，他对马云的创业理念产生了浓厚的兴趣。这次偶遇，不仅为阿里巴巴带来了急需的资金支持，更重要的是，蔡崇信的专业背景和全球视野为阿里巴巴的国际化发展奠定了坚实的基础。

后来，随着互联网的发展，电子商务爆发式增长。阿里巴巴凭借其强大的平台优势和敏锐的市场洞察力，迅速抓住了这一机遇，实现了从默默无闻到行业巨头的华丽转身。

马云与阿里巴巴的故事告诉我们，偶然的机会往往隐藏在生活中的一个角落，等待着我们去发现、去把握。但更重要的是，我们需要有足够的准备和敏锐的洞察力，才能在机会来临时迅速行动，将其转化为人生的突破点。

无论是现代还是古代，在偶然机会中成就自我的事情不计其数。

王羲之，东晋时期著名的书法家，被誉为"书圣"。他的代表作《兰亭集序》，不仅是中国书法史上的巅峰之作，更是文学与艺术的完美结合。

《兰亭集序》的诞生，源于一次文人雅集。公元353年，王羲之与众多文人墨客在会稽山阴的兰亭举行了一场盛大的聚会。他们饮酒赋诗，畅谈人生理想，气氛十分融洽。酒酣耳热之际，有人提议将大家的诗作汇编成集，并请王羲之撰写一篇序文。聚会结束后，王羲之提笔挥毫，一气呵成，写下了这篇流传千古的佳作。

王羲之与《兰亭集序》的故事启示我们，偶然的机会往往能够激发人的创造力与灵感。在特定的情境下，人的潜能会被无限放大，从而创造出超越自我、影响后世的杰作。因此，我们应该珍惜每一次偶然的机会，勇于尝试新事物，敢于挑战自我，或许下一个伟大的作品就诞生于你的笔下。

人生中的很多事件中都存在偶然性与必然性之间的微妙关系。马云与阿里巴巴的崛起、王羲之与《兰亭集序》的传世佳话，都是这样的生动例证。这告诉我们，偶然的机会虽然难以预测和把握，但只要我们拥有积极的心态和不懈的努力，在机会来临之时把握好时机，就可以从中获益。

因此，让我们在人生的旅途中保持一颗开放和好奇的心，勇于探索未知的世界；同时，也要不断提升自己的能力和素质，为抓住每一个偶然的机会做好充分的准备。只有这样，我们才能在命运的洪流中乘风破浪、勇往直前，最终抵达成功的彼岸。

自我认知：从弱点中发现力量

> 正视不足，转化弱点，力量由内而外生。了解自身的弱点，并从中找到突破的力量，是成功的关键。

在自我认知的过程中，许多人都习惯于规避自己的缺陷，而更倾向于展示自己的优势。这种趋向的根源在于人们对自身形象的塑造欲望，希望别人看到的更多的是自己的长处，而非短处。然而，真正的成长往往在于敢于正视自己的弱点，并从中发掘潜在的力量。自我认知不仅仅是了解自己的优点，更是要深入剖析自己的缺陷，并从中汲取力量，进而促使自身的全面发展。

常言道："金无足赤，人无完人。"每个人身上都或多或少存在着一些被视为弱点的特质，这些或许是性格上的缺陷，能力的短板，抑或过往经历的阴影。然而，正是这些看似不堪一击的弱点，往往隐藏着改变命运、激发潜能的巨大能量。正如钻石需经千雕万刻方能璀璨夺目，人的成长亦是在不断克服弱点的过程中实现的自我超越。

弱点之所以能成为力量的源泉，在于它能促使我们正视不足，勇于改变。当我们不再逃避，而是直面挑战，便能在每一次跌倒后更加坚韧，也能在每一次失败中汲取智慧。正如孟子所云："故天将降大任于是人也，必先苦其心志，劳其筋骨，饿其体肤，空乏其身，行拂乱其所为，所以动心忍性，曾益其所不能。"这番话深刻揭示了逆境对于个人成长的催化作用，而弱点，正是那开启逆境之门的钥匙。

在中国体育史上，邓亚萍的名字无疑是辉煌的。她不仅是乒乓球历史上第一位大满贯得主，更是以其卓越的球技和不懈的努力，成为无数人心中的偶像。然而，鲜为人知的是，这位乒坛传奇在初涉这项运动时，曾因身高不足而备受质疑。

邓亚萍的身高仅有 1.55 米，这在需要高度和力量的乒乓球运动中并不占优势。面对外界的偏见和自身的局限，她没有选择放弃，而是将这份"弱点"转化为了前进的动力。她深知，身高无法改变，但技术、速度和反应能力却可以通过不懈努力来提升。于是，她开始了近乎苛刻的训练，每天比别人多练几个小时，研究对手的战术，不断磨炼自己的球技。正是这份坚持和毅力，让邓亚萍在赛场上大放异彩，她用实际行动证明了"身高不是问题，实力才是硬道理"。她的小个子非但没有成为事业的阻碍，反而让她在球场上更加灵活多变，成为对手难以捉摸的存在。

邓亚萍 13 岁就夺得全国冠军，15 岁时获亚洲冠军，16 岁时在世界锦标赛上成为女子团体和女子双打的双料冠军。1992 年，

19 岁的邓亚萍在奥运会上勇夺女子单打冠军，并与乔红合作获女子双打冠军。1993 年在第四十二届世乒赛上与队友合作又夺得团体、双打两块金牌，成为名副其实的世界乒坛皇后。邓亚萍的出色表现，改变了世界乒乓球坛只在高个子中选拔运动员的传统观念。国际奥委会主席萨马兰奇也为邓亚萍的球风和球艺所倾倒，亲自为她颁奖，并邀请她到国际奥委会总部做客。

邓亚萍的故事告诉我们，弱点并不可怕，关键在于我们如何面对它，如何利用它激发自己的潜能，最终实现从弱点到优势的华丽转身。在人生的旅途中，我们每个人都会遇到各种各样的挑战和困难。面对这些挑战时，不妨换个角度思考，将那些看似不可逾越的障碍视为成长的契机。正如邓亚萍的故事所展现的那样，即使看似难以克服的弱点，也能成为推动我们前进的强大动力。

让我们学会在自我认知的旅途中，不断挖掘自己的潜能，将弱点转化为优势，用智慧和勇气书写属于自己的精彩篇章。记住，每一个不完美的自己，都是独一无二的宝藏，等待着我们去发现、去珍惜、去雕琢。最终，当我们站在人生的巅峰回望来路时，会发现那些曾经的弱点，早已化作照亮我们前行道路的光芒，让生命因此而更加绚烂多彩。

初次突破后的改变

　　蜕变之路，始于足下，变化悄然而至。突破之后，生活带来的改变让我们更加懂得珍惜与奋斗。

　　在人生的舞台上，每个人都是自己命运的编剧、导演和演员。但很多时候，我们似乎被无形的力量所牵引，沿着既定的剧本缓缓前行，那些关于出身、环境、社会角色的标签，如同沉重的枷锁，限制着我们的想象与可能。然而，正是这些看似不可逾越的障碍，激发了人类内心深处对自由的渴望与追求。突破，便是在这种渴望的驱使下，对命运枷锁的一次勇敢挑战。

　　在中国现代教育的版图上，俞敏洪与新东方的故事无疑是一段传奇。作为新东方教育科技集团的创始人，俞敏洪的初次突破，不仅改变了自己的命运，也深刻影响了中国英语教育的格局。

　　俞敏洪是一位充满故事与传奇色彩的人物。他的人生轨迹，从高考三战方胜的坎坷，到北大毕业后留学梦碎的挫败，再到从手提糨糊瓶、满街张贴招生广告的教培机构老师，最终蜕变为企业在纽约证券交易所上市的亿万富豪、新东方教育集团的缔造者，这一系列转变仅仅用了 13 年时间，堪称奇迹。

"北大踹了我一脚"，这不仅是俞敏洪自嘲式的幽默，更是他人生转折点的深刻印记。在新东方的日常中，这位董事长常以朴素低调的形象示人，穿着随意，带着一股书卷气，与人们心中传统的领导者形象大相径庭。然而，正是这位看似平凡的人物，以其不凡的经历，书写了"新东方神话"。

出身江苏江阴一个普通农民家庭的俞敏洪，自幼承载着母亲朴素的教师梦。然而，命运似乎并不眷顾他，连续两次高考失利，让他一度陷入绝望。但第三次，他凭借着坚韧不拔的意志，终于跨进了北京大学的校门，成为西语系的一员。

然而，进入北大并不意味着一帆风顺。毕业后留校任教的俞敏洪，月薪微薄，长达数年的默默无闻甚至让他自嘲"对一个男人是摧毁性的打击"。同时，随着出国热的兴起，他也踏上了申请留学的征途，却连续三年碰壁，直到一所美国二流大学提供了部分奖学金，但剩余部分的学费却成了难以逾越的鸿沟。

为了筹集学费，俞敏洪不得不在校外兼职授课，却因此触犯了北大的规定，遭受了通报批评的严厉处分。颜面尽失之下，他毅然选择了辞职，离开了那个曾给予他荣耀也带来挫败的地方。"北大踹了我一脚"，但正是这一脚，将他推向了创业的征途。

1992 年，俞敏洪正式开始了自己的个体户生涯。次年，他获得了办学执照，在简陋的房子里，新东方艰难起步。回忆起那段日子，他至今难以忘怀：一张桌子、一把椅子，以及寒冬中因胶水结冰而无法顺利张贴的小广告，构成了新东方最初的模样。而他，则是那个亲手提着糨糊桶，骑着自行车穿梭于中关村寒夜中的人。

正是这些曲折的经历，锤炼了俞敏洪忍受孤独、失败和屈辱的能力，也让他悟出了"揉面定律"：人生如同面粉，初时松散易散，但经过反复的揉捏与锤炼，终将变得坚韧有力。

1995年，随着口碑的逐渐积累，新东方迎来了爆发式增长。业务不断拓展，从托福、GRE培训扩展到出国咨询、口语培训、大学英语培训等多个领域，完成了从手工作坊到现代企业的华丽转身。

然而，初次突破带来的改变远不止于此。在创业的过程中，俞敏洪经历了无数次的失败与挫折，但正是这些经历让他变得更加坚韧不拔，更加懂得如何面对困难与挑战。他学会了如何管理团队，如何制定战略，如何把握市场机遇。更重要的是，他深刻体会到教育的力量，以及作为教育者的责任与使命。他开始积极参与公益事业，用自己的影响力推动中国教育的进步与发展。

俞敏洪成立新东方的故事，是初次突破后改变的生动写照。它告诉我们，无论起点如何，只要有梦想、有勇气、有坚持，就能够实现自我超越。突破不仅仅是外在成就的积累，更是内在品质的升华。在突破的过程中，我们会遇到各种困难和挑战，但正是这些经历塑造了我们的性格，让我们变得更加成熟和坚强。

同时，俞敏洪的故事也强调了教育的重要性。作为教育者，他不仅传授知识，更传递了勇气、坚持和责任感。他用自己的行动证明了，教育不仅能够改变个人的命运，更能够推动社会的进步与发展。

每一次的突破，都是生命之树上的一次新芽，它们或许微小，却蕴含着无限的生机与活力。正如俞敏洪与新东方的故事所展现的那样，初次突破后的改变是全方位的，它不仅让我们在事业上取得了成功，更在心灵深处种下了成长的种子。这些种子会在未来的日子里生根发芽，绽放出更加灿烂的花朵。

因此，让我们勇敢地面对生活中的每一个挑战，珍惜每一次突破的机会。在突破中成长，在改变中绽放，让我们的生命之树因突破而长青，因改变而更加美丽。

低谷中的冷静与思考

静水深流，低谷沉思，智慧之光闪耀。在低谷中保持冷静，方能洞察前行的方向，转危为安。

人生低谷，往往被视为不幸与失败的代名词，但实际上，它却是成长与蜕变的催化剂。低谷时期，正是我们反思过去、审视自我、规划未来的最佳时机。它迫使我们放慢脚步，从喧嚣的世界中抽离，深入内心，寻找那份久违的平静与清晰。让我们了解一下明代思想家王守仁的经历。

王守仁，本名王云，字伯安，号阳明，又号乐山居士，浙江余姚人。因曾隐居绍兴阳明洞，并创立阳明书院，后世尊称其为阳明先生，亦称王阳明。

12岁时，王守仁开始在书塾读书，13岁丧母郑氏，这对幼年的他是极大的打击。然而，他并未因此消沉，反而志向高远，与同龄人迥然不同。他曾与书塾先生探讨天下最重要的事，坦言"科举并非第一等要紧事"，而读书成为圣贤才是人生的重中之重。这种不凡见识，使他从小便显露出过人的智慧与思想深度。

15岁那年，正值石英、王勇等人起义，王守仁屡次试图向朝廷献策平乱，然而此举却被父亲斥责为狂妄。同年，他游览居庸关、山海关一个月，饱览塞外风光，胸怀经略四方之志，这一经历激发了他更大的抱负。

弘治元年（1488年），17岁的王守仁与南昌诸养和之女成婚，但婚礼当天却不见其人踪影。原来，他因偶遇一位道士，对养生之道心生兴趣，与道士对坐探讨，竟忘归家中。次日岳父才将其寻回。这一举动虽被认为离经叛道，但也展现了他对人生大道的无尽追求。

次年，王守仁18岁，与夫人返回余姚，途中拜访广信学者娄谅。娄谅向他讲授"格物致知"学说，王守仁深受启发。他潜心研读朱熹著作，实践"格物致知"，曾试图穷竹之理，连续七天七夜研究竹子，结果毫无所得，反而病倒。从此，他对朱熹的"格物"学说产生怀疑，这便是中国哲学史上著名的"守仁格竹"。

弘治五年（1492年），王守仁参加浙江乡试，与胡世宁、孙燧同榜中举，其学识逐渐精进。然而，他的兴趣逐步转向军事，尤擅射箭。22岁时，他参加进士考试未中，内阁首辅李东阳却认为他才华卓绝，笑言他下次必中状元，并请他即兴作赋。王守仁挥笔即成，令朝中元老惊叹不已。然而，议论随之而来，有人妒忌他的才华，甚至担心他得志后会目中无人。25岁时，他再次参加科举仍未中，父亲劝他继续努力，他却说："你们以不登第为耻，我以不登第却懊恼为耻。"

弘治十二年（1499年），王守仁28岁，参加礼部会试，表现优异，中二甲进士第七名，被授刑部主事。他不仅在江北决断囚狱，还对边疆防务提出八项建议。弘治十七年，他因病归乡，但不久又被起用为兵部武选司主事。

弘治十八年（1505年），明孝宗去世，武宗即位，年仅15岁。此时太监刘瑾专权，朝政混乱。顾命大臣刘健联合上疏弹劾刘瑾，反遭罢黜。言官戴铣等力请复职刘健，也被刘瑾下狱。王守仁不畏权势，直言抗谏，提出"宥言官，去权奸"。这一举动触怒刘瑾，王守仁被廷杖并下狱，后被贬至贵州龙场为驿丞。刘瑾密遣心腹，企图在王守仁流放龙场途中寻找机会刺杀。

　　为逃避刺客的追杀，王守仁设法伪造跳水自杀的假象，成功躲过追杀。在经历了这场惊险后，他继续淡定前往龙场。在此期间，他写下诗句以表心境："险夷原不滞胸中，何异浮云过太空；夜静海涛三万里，月明飞锡下天风。"

　　龙场在当时还是未开化的地区，地处贵州西北，偏远荒凉，瘴气流行，生活极为艰苦。到达时，王守仁甚至无处栖身，只得开凿石洞以作住所。他的随从因水土不服病倒，他亲自照料并做饭。当时的龙场居民多为苗、彝少数民族，语言不通，但王守仁却以真诚与他们和睦相处。

　　正是在龙场的逆境中，王守仁进行了深刻的自省。他开始思考：如果古之圣贤身处如此困境，会如何面对？一晚，他在静坐中突然大彻大悟，从此建立了与朱熹截然不同的哲学体系，这便是著名的"龙场悟道"。王守仁在悟道中意识到，人性自足，人性本善。要实现至善，不必外求事物，而应追求内心的天理，将之落实于行动。他提出"知行合一"学说，强调知与行不可分割，知是行之始，行是知之成。若如朱熹所言外求穷理，过于烦琐，反而无法实现"人人皆可成圣"。这种思想不仅是他对儒学的突破，更是一种对内在力量的极致体验。

　　王守仁面对低谷，以平常心对待，超然物外。这种冷静与思考，使他在逆境中找到人生的大道。他的哲学体系不仅为后世提供了思想启迪，更让人明白，真正的力量源自内心。即便身处低谷，只要内心坚定，仍能找到属于自己的光明与方向。

人定胜天，与命运的抗争

唯有奋起直追，与命运展开抗争，才能书写属于自己的传奇。

命运，这一看似无情的枷锁，常常将我们束缚在一条既定的轨迹中，让我们感到绝望与无奈。然而，历史和现实中的许多事例都告诉我们，命运并非不可改变，我们也可以通过不懈的努力和坚韧的信念，超越命运的限制，实现自我价值。

在中国舞蹈艺术的璀璨星空中，杨丽萍无疑是一颗耀眼的星辰，她以独特的舞蹈语言、深邃的艺术内涵以及对命运不屈不挠的抗争精神，照亮了无数人的心灵。杨丽萍的故事，是关于人定胜天、与命运抗争的生动写照，展现了在逆境中坚持梦想、勇于打破自我枷锁的气魄和力量。

杨丽萍出生于云南大理的一个白族家庭，这里山川秀美，民族风情浓郁，为她日后的舞蹈创作提供了无尽的灵感源泉。她自幼便对舞蹈有着一种近乎痴迷的热爱，每当村中举行节日庆典，她总是人群中最为活跃的那一个，模仿着大人们的舞姿，尽情展现着对舞蹈的热爱与天赋。

　　然而，梦想的道路从不是一帆风顺的。在那个年代，对于一个来自偏远地区、没有显赫家庭背景的女孩来说，想要成为一名专业的舞蹈演员，无疑是天方夜谭。家人的不解、社会的偏见、经济条件的限制……这些如同沉重的枷锁，试图将她束缚在既定的命运轨迹上。但杨丽萍没有屈服，她坚信"人定胜天"，只要心中有梦，脚下就有路。

　　面对重重困难，杨丽萍没有选择放弃，而是更加坚定了自己的舞蹈梦想。她利用一切可以利用的资源，自学舞蹈基本功，观看录像带模仿名家动作，甚至跑到田间地头，从大自然和民族生活中汲取灵感。她的坚持和努力，逐渐赢得了周围人的认可和支持，也为她日后进入专业舞蹈团队打下了坚实的基础。

　　进入专业舞蹈领域后，杨丽萍并没有满足于现状，她深知自己与顶尖舞者之间的差距，于是更加刻苦地训练，不断挑战自我极限。她深入民间，学习各民族舞蹈的精髓，将传统与现代、东方与西方相融合，创造出独具一格的舞蹈风格。她的舞蹈作品，既有深厚的文化底蕴，又不失现代审美，深受观众喜爱。

　　然而，命运对她的考验并未就此结束。在舞蹈事业的巅峰时期，杨丽萍遭遇了重大挫折。一次意外受伤，让她不得不暂时离开舞台，这对于一个视舞蹈为生命的舞者来说，无疑是巨大的打击。但杨丽萍没有沉沦，她利用这段时间，深入反思自己的舞蹈理念，调整心态，为重新站上舞台做足了准备。

　　经过长时间的康复与努力，杨丽萍终于再次回到了她热爱的舞台。她以更加成熟、更加深邃的舞蹈作品，向世人展示了她的坚韧与才华。她的《雀之灵》《云南映象》等作品，不仅在国内赢得了极高的赞誉，更在国际舞台上大放异彩，成为中国舞蹈艺术的代表之一。

　　杨丽萍的故事，是对"人定胜天"这一信念的最好诠释。她用自己的经历告诉我们：无论面对怎样的困难和挑战，只要我们坚定信念、勇于抗争、不断超越自我，就一定能够打破命运的枷锁，实现自己的梦想。

　　在杨丽萍的身上，我们看到了一个舞者对于艺术的执着追求，一个女性对于命运的勇敢抗争，更是一个普通人对于生命价值的深刻思考。

　　当别人在抱怨条件艰苦时，她却在山林间、田野里观察万物的姿态，汲取自然的灵感。她用灵动的身姿模仿孔雀的优雅、蝴蝶的轻盈，将大自然的美融入自己的舞蹈。没有专业的舞蹈训练场地，她就在露天的土地上、简陋的茅屋中练习，一遍又一遍，不知疲倦。

　　面对传统舞蹈观念的束缚，杨丽萍没有妥协。她大胆创新，打破常规，以独特的艺术视角和表现手法，创造出了具有强烈个人风格的孔雀舞。她的舞蹈如诗如画，充满了生命力和感染力，让全世界为之惊叹。

在追求艺术的道路上，杨丽萍遭遇了无数的质疑和困难。有人说她的舞蹈太过于另类，有人批评她不遵循传统。但她始终坚定自己的信念，不为外界的声音所动摇。她用自己的坚持和努力，证明了自己的价值。

杨丽萍用她的舞蹈告诉世人，只要有梦想，有勇气，肯坚持，就能战胜一切困难，实现自己的人生价值。她就像一只美丽的孔雀，在艺术的天空中自由翱翔，绽放出绚丽夺目的光彩。

她的故事激励着我们每一个人，在面对生活的挑战时，都要像她一样，保持内心的坚定与热爱，勇于突破自我，活出属于自己的精彩人生。

人生低谷，往往被视为不幸与失败的代名词，但实际上，它却是成长与蜕变的催化剂。低谷时期，正是我们反思过去、审视自我、规划未来的最佳时机。它迫使我们放慢脚步，从喧嚣的世界中抽离，深入内心，寻找那份久违的平静与清晰。

人定胜天，并不是一个空洞的口号，而是一种扎根于生活与实践中的信念。每个人都可以在日常生活中，凝聚起这份信念，在面对困难时无畏无惧，去开创属于自己的未来。在奋斗的过程中，需要我们坚定信心、积极进取，更要善于从他人的奋斗经历中汲取力量，让自己的生命绽放出更加绚丽的色彩。

第三章
转运的关键力量

人生就像一场旅程，有山有水，有起有落，但只要坚持走下去，转运自然会到来。生活中的转运并非偶然，而是对坚持与努力的回报。我们要认识转运的核心力量，在生活中运用这些力量，实现命运的逆转。

青山不改，定有转机

无论处于何种困境，青山依旧在，转机总会到来。在逆境中坚守信念，必能迎来希望的曙光。

"青山不改"可以理解为一种坚持与恒心。在生活的旅途中，人们经常遇到挫折和困难。在这些时刻，许多人可能会选择放弃，选择退缩，甚至选择背离自己的初衷。然而，正如青山巍然屹立于大地，始终不变，坚毅的信念和不屈的精神才能使我们在困境中保持冷静和清晰的头脑。在面对变化和挑战时，我们更应该牢记自己的价值观与使命，从内心深处坚定自己的信念。只有这样，我们才能在不断变革的时代中找到自己的方向。

"定有转机"则体现了一种正向思维和积极的态度。在很多时候，事情的发展并不会如我们所预期的那样顺利，甚至可能会朝着完全相反的方向发展。然而，正是这些困难与挫折，才能让我们深刻反思、总结经验，进而找到新的解决路径。在逆境中，如果我们能够摒弃消极的情绪，迎难而上，积极应对，就一定能够迎来转机，找到新的机会。正如坎坷的溪流最终汇聚成江河，艰难的时刻也会孕育出希望的曙光。

《命运交响曲》是贝多芬最具代表性和影响力的作品之一，作为古典音乐的巅峰之作，它充满了磅礴的气势和激情澎湃的旋律，每一次聆听都让人心潮澎湃。然而，与这首乐曲同时被人们提及的，还有贝多芬那段充满悲剧色彩却又极具启发意义的命运历程。贝多芬的命运并不平坦，他从出生开始便深受命运的捉弄，但正是这种不屈不挠的精神和对理想的坚守，使得他最终突破了困境，成就了不朽的音乐传奇。

贝多芬1770年出生在德国莱茵河畔的波恩，他的家族世代以音乐为业，父亲和祖父均为宫廷歌手。尽管身处音乐世家，但贝多芬的童年却并不幸福。父亲嗜酒成性，早早地让他肩负起家庭的重担。为了帮母亲分担经济压力，年幼的贝多芬不得不早早地踏入社会，开始谋生。然而，尽管如此，贝多芬身上显现出的音乐才华却始终未曾消失。12岁时，他已经能演奏乐曲，并且成为管风琴师聂费的助手。聂费不仅在音乐技艺上对他有极大影响，也在思想上给了他启迪，使他逐渐树立了献身音乐的理想。

贝多芬早期虽然才华横溢，但并没有接受过正式的音乐教育。正是在聂费的指导下，他才开始接触到更多的音乐理论和知识，也因此拓宽了视野。之后，贝多芬进入维也纳，在音乐之都开始了他的音乐生涯。在这里，他遇到了莫扎特。莫扎特曾对他赞誉有加，预言他必将成名。聂费的培养和莫扎特的赞赏，都使贝多芬的音乐才能得到充分发挥。但贝多芬命运多舛，母亲突然去世，令他不得不匆忙返回波恩，承担起照料家庭的责任。

贝多芬的人生并未因个人的悲痛而停滞，他的创作之路依然在持续延伸。在与名人勃莱宁等知识分子的接触中，贝多芬受到了启发，特别是法国革命所带来的启示，让他形成了鲜明的民主思想。他的心灵深处产生了强烈的反叛情绪，开始思考如何通过音乐表达自己对自由、平等和民主的追求。虽然他跟随海顿在维也纳学习，然而海顿的保守思想和他们个性上的差异，使得贝多芬与他发生了冲突。贝多芬早期的创作风格很大程度上受到海顿和莫扎特的影响，但贝多芬显然并不甘于模仿，他渴望创造出独特的风格，突破常规。

1789 年，法国爆发了震撼世界的资产阶级革命，贝多芬深受其中的思想启发，开始用音乐表达自己对社会不公的反抗。他的音乐逐渐展现出反叛的精神，尤其是在《英雄交响曲》及后来的创作中，充满了强烈的革命意识。贝多芬比同时代的其他音乐家更加关注个人自由和社会变革，尤其是在创作中渗透了对压迫、对封建专制的抗议。这些作品中的激昂旋律，表现出他内心强烈的抗争情绪。

然而，厄运并没有放过贝多芬。1796 年起，他的听力逐渐出现问题，最终完全失去了听觉。对于一位音乐家而言，失去听力无疑是一场毁灭性的灾难，但贝多芬却没有因此而放弃自己的创作。在这段艰难的时光中，他依旧充满激情地创作，甚至在失聪后继续创作出许多震撼世界的音乐作品。贝多芬的坚持和乐观不仅体现在音乐上，更深深影响了他对生活的态度，证明了命运无论多么严酷，都无法打倒有梦想、有毅力的人。

贝多芬的成就并非一蹴而就。直到 30 岁，他才开始创作出第一部交响曲。在创作过程中，他不断反思和修改自己的作品，从初期带有海顿和莫扎特风格的作品，到后来的完全自成一派，他的音乐风格逐渐得到了独立的确立。贝多芬没有局限于传统，而是通过不断地尝试和创新，推动了交响乐的发展，极大地丰富了音乐的表现力。

虽然贝多芬的音乐生涯充满了痛苦和孤独，但他从未放弃过。他以极强的毅力面对生活中的一切困难，命运的重压并未压垮他，反而激发了他更大的创作力量。贝多芬的音乐不仅仅是他个人的艺术表达，更承载了他的革命精神和对自由的追求。他的《英雄交响曲》与《命运交响曲》无不体现着人类对命运不屈的抗争，他的音乐成为时代的象征。

贝多芬的经历无疑是命运与坚持的交响曲。贝多芬通过他的音乐告诉我们，面对人生的重压与困难，唯有坚持与不屈才能化解命运的束缚，才能迎来属于自己的光明。尽管生活充满了不可预见的曲折，然而只要坚信"青山不改，定有转机"，命运的转机就会在未来的某一刻出现。无论生活给予怎样的挑战，遇到何种困境，只要有坚定的信念和无畏的决心，就能迎来最终的胜利。

坚持到最后一刻，转运就在眼前

坚持是通向转运的关键。无论遇到多大的困难，坚持到最后，总能看到转机的曙光。

在人生的征途中，每个人都是自己命运的舵手，面对风浪与挑战，有人选择半途而废，而有人则选择咬紧牙关，坚持到最后一刻。这不仅仅是一种勇气，更是一种智慧，因为往往在绝望的尽头，转机正悄然酝酿，等待着那些不放弃的勇者。

坚持，是一种品质，一种精神，更是一种力量。它让我们在困境中看到希望，在挫败中找到勇气。在人生的旅途中，我们会遭遇各种挫折与困难，但只要我们坚持不懈，就一定能够迎来转机。这种转机并非偶然，而是对我们坚持与努力的回报。

李宁就用他的实际行动诠释了"坚持到最后一刻,转运就在眼前"的真理。

李宁是中国著名的体操运动员,被誉为"体操王子"。他在职业生涯中共获 14 个世界冠军,106 枚国内外大赛金牌,4 次被评为全国十佳运动员,5 次获国家体育运动荣誉奖章。1987 年,李宁担任国际奥委会运动员委员会委员。1999 年,李宁当选"二十世纪世界最佳运动员"。2000 年,李宁入选国际体联体操名人堂,成为中国体操史上第一人。2008 年,李宁作为第二十九届北京奥运会主火炬手点燃圣火。2019 年 1 月,李宁任中国奥委会委员。然而,李宁取得如此瞩目的成绩并非一帆风顺。在多年的运动员生涯中,他日复一日地坚持着高强度训练,这也使他面临着巨大的身体和心理压力。尤其是在 1984 年洛杉矶奥运会团体赛中,因为紧张导致表现失常,最终以微弱的分数输给了美国队。这次比赛失利的压力让他在比赛中更加紧张,担心无法达到人们的期望。在 1988 年汉城奥运会期间,李宁的肩伤复发,导致他在吊环比赛中脚挂在了吊环上,跳马比赛中更是跳坐到了地上。由于伤病和比赛中的失误,未能取得好成绩,由此嘲讽声叫骂声铺天盖地而来。这些大量的批评和谩骂对他的心理造成了很大的打击,也是他选择退役的一个重要原因。1988 年底,李宁宣布退役。退役时李宁说:"无论我将来走到哪里,无论我做什么,都不会离开体操,离开体育。"退役后，李宁创建自己的运动品牌——李宁。这一决定，在外人看来或许是对失败的妥协，但对于李宁而言，却是他人生轨迹转变的开始，这也是"坚持到最后一刻"这一哲理的另一种诠释——在竞技场的舞台上，他已无法再续写辉煌，但在人生的舞台上，他选择以另一种方式继续前行，追求新的胜利。

1990 年，李宁创立了自己的体育用品品牌"李宁"，这一决定在当时并不被人看好。毕竟，从运动员到企业家，跨度之大，挑战之多，可想而知。但李宁凭借着对体育的深刻理解、对品质的极致追求，以及对市场敏锐的洞察力，逐步将"李宁"打造成为中国乃至世界知名的体育用品品牌。

创业初期，李宁遇到了无数困难：资金短缺、市场认可度低、国际品牌竞争激烈……每一步都走得异常艰难。但他没有放弃，而是坚持到最后一刻，不断寻找转机。他深知，只有不断创新，才能在这片红海中找到属于自己的蓝海。于是，李宁品牌开始注重产品研发，推出了一系列符合中国消费者需求的运动装备，同时，通过赞助国内外体育赛事、签约知名运动员等方式，提升品牌知名度和影响力。这些努力，逐渐让"李宁"从一个名不见经传的小品牌，成长为能够与耐克、阿迪达斯等国际巨头同台竞技的国产品牌。2004 年，李宁公司在香港成功上市，成为中国第一家在海外上市的体育用品企业。

李宁的成功，并非一蹴而就，而是无数次跌倒后依然选择站起来的坚持，是面对困境时永不言败的精神。他的事迹告诉我们，人生中的每一次失败，都是通往成功的必经之路，关键在于我们是否能在逆境中保持信念，坚持到最后一刻。

李宁的转型之路，也很好地诠释了"转运就在眼前"的道理。当他在体操赛场上遭遇滑铁卢时，谁又能预料到，正是这次失败，促使他走上了创业之路，最终成就了另一个领域的辉煌？人生的奇妙之处在于，往往在最黑暗的时刻，转机就在不远处等待着我们。关键在于，我们是否愿意坚持到最后一刻，是否敢于拥抱变化，是否能够在坚持中寻找到那一抹照亮前路的光。

只要心中有光，脚下有路，坚持到最后一刻，转机自会显现，而那份因坚持而获得的成功，将更加珍贵，更加值得骄傲。

人际关系中的转机

人际关系常常能成为我们转运的助力。通过积极构建和维护良好的人际网络，我们可以在关键时刻获得重要的支持和机会。

在人生的长河中，我们时常会遇到各种挑战与困境，仿佛置身于迷雾之中，难以找到前行的方向。然而，正是在这些关键时刻，人际关系往往能够成为照亮我们道路的明灯，带来意想不到的转机。通过与他人的交往与互动，我们不仅能够获得宝贵的建议和支持，还能在思维的碰撞中激发出新的灵感和解决方案，从而帮助我们突破困境，走向更加光明的未来。

2007年，京东逆天宣布自建物流，这在全世界没有人敢尝试过，就连世界互联网巨头亚马逊也只是做到自建仓储，刘强东却做了第一个吃螃蟹的人。2008年，一场突如其来的金融危机让京东的资金链岌岌可危。刘强东四处奔波，会见百余位投资人，却屡遭拒绝，皆因京东连年亏损，盈利前景不明。那段时间，刘强东压力山大，夜不能寐，甚至一夜之间白了头。在互联网物流、零售领域，阿里巴巴一家独大，京东想要在这样的环境下生存并发展壮大，无疑需要巨大的资金支持。而且，当时的京东资金链已经接近断裂，刘强东不得不四处寻求投资，以解燃眉之急。

在这个关键时刻，刘强东找到了他的人大校友张磊。张磊是高瓴资本的创始人，一位在投资界享有盛誉的智者。面对刘强东的求助，张磊并没有立即答应，而是经过一番深思熟虑后，提出了一个出人意料的条件：要么不投资，要么就投 3 亿美元。这个决定，对于当时的刘强东来说，无疑是一个巨大的考验。

张磊之所以提出这样的条件，是因为他看到了京东未来的潜力，尤其是刘强东构建的物流和供应链系统。他认为，要想让京东具备核心竞争力，就必须在物流上"烧钱"，而 7500 万美元显然远远不够。因此，他选择了冒险一搏，将 3 亿美元的投资押在了京东的未来上。

张磊的决策，不仅体现了他的商业智慧，更展现了他对刘强东和京东团队的信任。在他看来，刘强东是一个有远见、有魄力的领导者，而京东的商业模式也有着巨大的潜力。因此，他愿意承担风险，与刘强东共同书写京东的未来。

然而，投资只是开始，真正的挑战还在后面。在张磊的帮助下，京东开始了大规模的物流体系建设，同时优化供应链和渠道。这一过程中，张磊不仅提供了资金支持，还亲自带着刘强东去美国考察沃尔玛的物流网络和仓储系统，帮助京东团队学习线下零售的管理知识。这些努力，最终让京东在激烈的市场竞争中脱颖而出，成为

B2C 电子商务领域的佼佼者。

京东的故事，不仅是一段商业传奇，更是一本生动的人际关系教科书。它告诉我们，在人际关系中，转机往往出现在我们最需要帮助的时候，而能否抓住这些转机，往往取决于我们自身的准备和智慧。

第一，要勇于主动。就像刘强东一样，面对困境他没有选择逃避，而是主动寻求帮助，最终找到了张磊这个贵人。在人际关系中，主动往往能带来更多的机会和可能性。

第二，要学会感恩与回馈。张磊之所以愿意投资京东，除了看重其商业模式和潜力外，更重要的是他看到了刘强东的真诚和努力。在人际关系中，感恩与回馈是相互的，它们能够巩固双方关系，让彼此更加信任。

第三，要保持耐心和坚持。京东的成功并非一蹴而就，而是经过了多年的努力和积累。在人际关系中，我们也常常需要经历一段时间的磨合和考验，才能找到真正的朋友和合作伙伴。因此，保持耐心和坚持是非常重要的。

第四，要懂得变通与适应。在京东的发展过程中，刘强东展现出极强的变通能力和适应能力。他能够根据市场变化及时调整策略，从而抓住转机。在人际关系中，我们也需要学会变通和适应，不断调整自己的心态和行为方式，以适应不同的人际环境。

人生如戏，人际关系充满了未知和变数，但正是这些未知和变数，让我们的生活变得更加丰富多彩。正如京东在 2010 年的危机中找到了转机一样，我们也可以在人生的道路上不断寻找和创造属于自己的转机。只要我们保持勇气、智慧、耐心和变通的能力，就一定能够在人际关系的海洋中乘风破浪，驶向成功的彼岸。

转运法宝，人人可用

> 每个人都有转运的力量，关键在于选择与行动。法宝并不神秘，用心即可得，助你转运成功。

转运的关键力量，作为一个深具哲理的命题，实际上蕴含着人生的种种智慧。转运本身意指一种时机的转变，一种从困境到顺境的飞跃。在生活中，每个人都有机会利用这一"法宝"，借助外在的环境和自身的努力，开启转运之门。然而，转运并非偶然，而是多种因素共同作用的结果。它需要智慧、勇气和适时的决断。

对于转运的理解，除了心态的调整，还要承认环境的重要性。我们生活在一个瞬息万变的社会中，社会、经济、技术的不断发展为个人和企业的发展提供了多元的机会。能够抓住机遇，积极适应环境的变化，是实现转运的关键。以科技创新者雷军为例，创业之路也不是一帆风顺，但在移动互联网迅猛发展的时代，雷军敏锐地捕捉到智能手机的市场机会。他在 2010 年创办的小米公司，以高性价比和用户至上的理念迅速占领市场，成为全球第四大智能手机厂商。雷军的成功在于，他不仅迎合了时代潮流，更懂得利用外部环境的优势，通过精准的经营策略和市场推广方案，实现了小米的迅速崛起。这也启示我们，在追求个人转运的过程中，要学会观察、分析周围的环境，把握机遇。

　　当然，转运并非一蹴而就的过程，它需要持续的努力与积累。成功的人往往经历了诸多挑战，只有在经历了磨难后，才会珍惜来之不易的成功。例如，马云在创办阿里巴巴初期，面临着来自技术、资金、市场等多方面的挑战，甚至一度面临倒闭。然而，他并未因此放弃，反而更加坚定了自己的信念，带领团队迎接困难，探索出一条适合自身发展的道路。最终，阿里巴巴不仅在中国市场站稳脚跟，还扩展至国际市场，成为全球电商的领军企业之一。马云的经历强调了在挣扎与困境中，持之以恒的态度与毅力是转运的必要条件。

　　从宏观上讲，个人的转运也离不开社会群体的支持。人际关系的网络在我们追求转运的路上扮演了不可或缺的角色。良好的社交网络能够为个人提供机会、资源和支持，帮助其在关键时刻做出正确的决策。例如，雷军在创业早期，也遇到很多困难，但他积极参与各种圈层的交流，拓展了自己的人脉网络。这些交往不仅让他获取了关于技术和市场的第一手信息，更吸引了一批志同道合的伙伴共同创业。正是在这样的环境中，小米得以成长并不断壮大。人际关系的拓展与维护，也正是转运的关键力量之一。

在追求转运的过程中，个人应当始终保持学习的热情。不论是参与实践、与他人的交流，还是自我反省，持续学习能够帮助我们不断提升自身的能力。当个人能力不断提升时，转运的机会也会随之而来。雷军在创业过程中，展现了对新知识的渴望，他积极参与各种研讨、学习与实践，以便在瞬息万变的市场中把握机遇。知识的积累不仅增强了他的竞争力，更在转运的关键时刻，提供了丰富的选择和应对方案。

转运的关键力量并不局限于某一种因素，而是多方面的结合与协作。积极的心态、对机遇的敏锐把握、持续的努力与学习，以及良好的人际网络，都是助力个人实现转运的重要环节。每个人都有机会使用这一"转运法宝"，关键在于如何去认识和利用这些力量。个人的成功常常是许多人共同努力的结果，而在这个过程中，愿意迎接挑战、不断成长，并保持对未来的期待，就是实现转运的不竭动力。因此，我们在追求变革与成功的旅途中，要借助这些力量，开启自己的转运之路。

破釜沉舟，奇迹必现

在关键时刻，破釜沉舟的决心往往能带来奇迹。决绝之心，无畏前行，奇迹因你而生。

在生活的不同阶段，我们常常面临转折与选择，而在众多选择中，如何做出决策，成为成功的关键力量。转运的过程，正是通过坚持、不懈努力以及勇敢面对困难而获得的。有的人在面临逆境时选择退缩，而有些人则在绝境中迎难而上，逆风飞扬。"破釜沉舟"这一成语，源自楚汉相争时期项羽的壮举。这不仅是一个军事策略，更是一种精神象征，一种面对困境时不屈不挠、全力以赴的勇气与决心。它告诉我们：在绝境中，唯有破釜沉舟，才能激发潜能，迎来奇迹。

项羽在吴中长大，身材魁梧，力能扛鼎，成为众人敬畏的对象。二世元年（公元前 209 年）秋，陈胜、吴广起义的烽火燃遍天下，会稽郡守也打算起兵响应。然而，计划未及实施，项羽便以雷霆手段斩杀了郡守，夺取了兵权，与叔叔项梁一同领导了会稽的起义。从此，项羽踏上了征伐天下的道路，那一年，他二十四岁，正值青春年华。

在接下来的日子里，项梁叔侄率兵西进，一路上收纳豪杰，势力日盛。然而，胜利并未冲昏项梁的头脑，他深知真正的挑战还在前方。当得知陈胜已死，项梁采纳了范增的建议，找到了楚怀王之孙，立其为楚王，以凝聚人心。项梁在战场上屡战屡胜，却也因此滋生了骄傲情绪，最终在定陶之战中战死。

项梁的去世，对项羽来说是一个沉重的打击，但也激发了他更加坚定的意志。他深知，唯有继续前行，才能不负叔父的期望，才能在这片乱世中闯出一片天地。

当时，秦将章邯围困巨鹿，赵王张耳、陈余求救于诸侯。怀王派宋义为援赵军统帅，项羽为次将军。然而，宋义却迟迟不肯进军，甚至在安阳逗留四十六日，导致军中士气低落，粮草匮乏。

面对这样的困境，项羽毅然决然地采取了行动。他指责宋义只顾私利，不顾士卒死活，不忠于楚王。在一天早晨，项羽在帐中斩杀了宋义，号令全军，自封为“假上将军”。这一举动，不仅震慑了全军，也向诸侯展示了项羽的胆识与决心。

项羽带着楚军，动作飞快地去救被围的赵国。为了让士兵们打起精神，拼死一战，项羽下了狠心，让人把船凿沉，把炊具砸烂，把房子烧掉，还给每人只发了三天的粮食，意思是让大家知道，这次只有往前冲，没有退路。这样的做法，对士兵们来说，简直就是一场生与死的较量，但也极大地激发了他们的勇气和决心。

等他们赶到巨鹿，项羽反过来包围了王离，跟秦军一连打了九仗，还断了秦军的粮草，最后大败秦军。这一仗，项羽真实显示出了他出色的打仗本事和领导能力，他的士兵一个能顶十个用，喊杀声震天响，把其他诸侯的士兵都吓得心惊胆战。就这样，项羽当上了联军的统帅，其他诸侯军的将领都归服于他。

巨鹿之战的胜利，是项羽"破釜沉舟"策略的成功体现，更是他坚定信念和决心的结果。在绝境中，项羽没有选择逃避或妥协，而是选择了勇往直前，用行动证明了自己的价值和力量。他深知，唯有破釜沉舟，才能激发士卒们的潜能，才能让他们在最困难的时候爆发出最大的战斗力。

在当今社会，我们同样需要这种勇气和决心去面对生活中的挑战和困难。无论是学习上的压力、工作中的挫折还是人际关系中的困扰，都需要我们用坚定的信念和决心去克服。只有这样，我们才能在人生的道路上不断前行，才能够创造出属于自己的奇迹。

第四章
命运中的顽敌

逆天之路，从不是坦途。强大的顽敌，是命运的试金石。识破伪装，智斗顽敌，是成长的必经之路。在斗争中展现智慧与谋略，才能将顽敌转化为助力，共同书写辉煌篇章。

逆天必遇的强大对手

挑战重重，强敌环伺，更显英雄本色。强敌的出现源于命运的挑战，是成长道路上的磨炼。

人生中，我们时常会遭遇各种强大的对手。这些对手并不仅仅是外在的挑战，更是内在的难关。它们可能是巨大的竞争对手、令人困扰不已的事业难题，甚至是我们自身的恐惧和不安。在这些强大的对手面前，如何应对、如何克服，常常决定了我们最终的命运。中国著名企业家马化腾的故事，便生动地诠释了如何在逆境中迎接强大的对手，最终逆转局势，实现成功。

马化腾，腾讯公司的创始人之一，也是中国互联网领域的巨头之一。在他的职业生涯中，腾讯经历了多次艰难的挑战和竞争。尤其是在互联网行业，市场竞争异常激烈，每一个企业都面临着来自各个方面的强大对手。从创业初期，到后来面临的行业巨头挑战，马化腾和腾讯一直在与强大的对手博弈，推动公司不断向前发展。

1998 年，腾讯刚刚成立，互联网行业还是一个相对新兴的领域。那时，腾讯主要依靠即时通信工具——腾讯 QQ——来打入市场。然而，这一时期，互联网行业已经有了诸多竞争者，其中包括国内的新浪、搜狐等老牌互联网公司，也包括 MSN、ICQ 等国际品牌。这些公司拥有丰富的资源和市场份额，对腾讯构成了巨大的威胁。

然而，马化腾和他的团队并未因此而畏惧或退缩。他们深知，要在激烈的竞争中生存下来，就必须找到差异化的竞争优势。于是，他们开始深入研究用户需求，不断优化产品功能，提升用户体验。同时，他们还敏锐地捕捉到了中国互联网市场的独特之处，推出了许多符合本土用户习惯的创新功能，如好友分组、QQ 秀、QQ 空间等。这些创新不仅让 QQ 在众多竞争对手中脱颖而出，而且逐渐成为中国互联网的标志性产品。

马化腾与 QQ 的逆袭之路，是一场从模仿到创新的华丽转身。它告诉我们，面对顽敌般的对手，我们不仅要学会应对挑战、克服困难，更要勇于创新、敢于突破。只有这样，我们才能在激烈的竞争中立于不败之地。

尤其是在 2004 年，随着社交媒体和移动互联网的兴起，腾讯需要适应新的市场环境，面对新的竞争压力。与此同时，许多新兴的互联网公司也迅速崛起，对腾讯的市场地位构成了威胁。

面对强大的对手，马化腾的应对策略不仅仅体现在市场的调整上，也体现在公司内部的管理和组织结构上。为了应对外部的竞争压力，腾讯注重提升内部的团队协作和创新能力。公司不断引入顶尖的人才，并建立了高效的管理机制，以确保在快速变化的市场中保持竞争力。通过这些措施，腾讯不仅在技术和产品上取得了突破，也在公司文化和团队建设上取得了显著成效。

在马化腾的创业历程中，我们还能看到对手与合作伙伴是可以转化的。在腾讯的成长过程中，它曾经与众多互联网公司展开过激烈的竞争，但随着时间的推移和市场的变化，一些曾经的对手逐渐变成了合作伙伴。这种竞争与合作并存的关系，不仅推动了整个行业的发展和进步，也为腾讯带来了更多的机遇和发展空间。

命运中的强大对手不可避免，但它们并不全是消极的存在。与其将其视作无法逾越的障碍，不如将其看作成就更好的自己的契机。我们应正视这些竞争和挑战，接纳它们的存在，调整我们的心态并不断努力，以积极的态度去迎接未来的每个高峰。在困难的背后，常常隐藏着追求成功的不懈动力与希望。

命运顽敌的来源与本质

洞悉根源，知己知彼，方能百战不殆。了解命运顽敌的来源与本质，你会发现困难也不过如此。

在人生的长河中，每个人都是自己故事的主角，而在这段旅程中，难免会遇到那些仿佛命中注定的顽敌——那些挑战、困境乃至逆境，它们以不同的形态出现，或温柔地磨砺着我们的意志，或猛烈地冲击着我们的心灵防线。这些顽敌，虽非实体，却深刻地影响着我们的命运轨迹，塑造着我们的性格与灵魂。

明朝的郑和，原名马和，自幼因战乱被掳入宫，成为太监，这本是命运对他的一次残酷玩笑，是他人生旅途中最初的顽敌。然而，正是这份不幸，却意外地为他开启了一扇通往伟大航程的大门。在宫中，他凭借过人的才智与勤奋，逐渐赢得了明成祖朱棣的信任与赏识。朱棣的雄才大略，成为郑和生命中最重要的转折点，也为他日后西洋之行的壮举奠定了基础。

永乐年间，明朝国力强盛。从1405年至1433年共28年，大明王朝派遣郑和七下西洋，创造了世界航海史上的奇迹。西洋之行，为郑和施展"才负经纬、文通孔孟"的本领提供了机遇，使其成为世界公认的航海家、外交家、和平使者。郑和船队在遍访西洋各国的过程中，带去了大量的金银、钱币、瓷器、丝绸和铁器（包括铁农具）等生活和生产资料，一部分作为礼品赠予各国，礼尚往来，互通有无。有赠送就有回赠，这些中国特产在与各国进行贸易活动中，换回了异域的明月之珠、鸦鹊之石、沉香、孔翠、樟脑、薇露、珊瑚、瑶琨等奇珍异物外，同时也换取了航海将士的生活用品。

虽然出海成就卓越，但郑和下西洋的过程充满了各种危险。郑和所面临的第一个顽敌，无疑是茫茫大海本身。在那个时代，海洋意味着未知、危险与死亡。但正是这些看似不可逾越的障碍，激发了郑和内心深处的勇气与探索欲。他深知，每一次出海都是对生命极限的挑战，也是对自我价值的证明。

同时，顽敌也以另一种形式存在——文化差异与外交冲突。在七次远航中，郑和率领的船队访问了亚非三十多个国家和地区，面对的是截然不同的语言、风俗与信仰。这些文化差异，对于一位来自古老东方的使者而言，无疑是巨大的挑战。然而，郑和以他的智慧与宽容，巧妙地化解了多起外交危机，不仅展示了中华文明的博大精深，更促进了各国之间的友好交流与文化融合。在这里，顽敌成为促进文明交流、增进理解的桥梁。

郑和的每一次远航，都是对自我极限的突破，也是对命运顽敌的深刻领悟。他学会了在逆境中寻找机遇，在挑战中磨砺意志。正是这些经历，让他从一个普通的宫廷太监，成长为一位具有远见卓识、勇于开拓的外交家与航海家。他的故事告诉我们，顽敌并非纯粹的阻碍，而是生命中不可或缺的磨砺石，它们让我们在挫折中成长，在困境中觉醒，最终成就更加辉煌的自己。

命运顽敌，如同生命中的一道道关卡，它们或隐匿于日常的琐碎之中，或显现在人生的关键时刻。但请记住，正是这些顽敌，构成了我们丰富多彩的人生体验，也铸就了我们独特的个性与品格。我们应以郑和为镜，不畏艰难，勇于探索，将每一次挑战视为成长的契机，将每一个顽敌转化为推动我们前进的力量。

如何识别隐藏的敌人

火眼金睛，识破伪装，守护内心净土。开启智慧去识别与应对敌人。

在我们的生活和事业中，命运中的顽敌不仅仅是显而易见的敌人，更有一些隐藏的敌人，它们潜伏在看似平静的表面下，悄无声息地影响着我们的人生进程。识别这些隐藏的敌人，是我们取得成功的关键一步。那些隐藏在命运深处的顽敌——它们或许不以实体的形式出现，却以无形的力量，悄然影响着我们的决策、情绪乃至命运走向。识别并应对这些隐藏的敌人，是每个人成长道路上不可或缺的一课。

历史上，诸葛亮以其超凡的智慧、深邃的洞察力和卓越的领导才能，成为后世传颂的典范。然而，即便如此卓越的人物，在其波澜壮阔的一生中，也不得不面对种种隐藏的敌人。这些敌人，非刀光剑影下的直接对手，而是深藏于人心、环境、时机之中的无形障碍。

在三国鼎立的复杂局势中，诸葛亮作为蜀汉的丞相，不仅要运筹帷幄，决胜千里，更要面对来自内部的不安与猜忌。刘备去世后，幼主刘禅即位，朝中不乏对诸葛亮权力日益增大感到不安的臣子。这些人心中的猜疑与嫉妒，如同暗流般涌动，威胁着蜀汉的团结与稳定。诸葛亮深知此理，他以更加谨慎的态度处理政务，同时以身作则，展现出高尚的品德与无私的奉献，逐渐赢得了大多数人的尊敬与信任。这一过程中，诸葛亮教会我们，面对人心之敌，唯有以诚待人，以德服人，方能化险为夷。

在诸葛亮的一生中，时机仿佛是他最难以捉摸的敌人。无论是赤壁之战前的联合抗曹，还是北伐中原的时机选择，都考验着他对时局的精准把握。有时，即便已做好万全准备，也会因时机未到而功败垂成；而有时，一个看似不起眼的瞬间，却能成为决定胜负的关键。诸葛亮在《出师表》中写道："此诚危急存亡之秋也。"这既是对时局的深刻洞察，也是对把握时机的迫切呼唤。他教会我们，时机如同流水，稍纵即逝，唯有敏锐洞察，果断行动，方能把握住改变命运的契机。

诸葛亮的一生，是与隐藏的敌人不断斗争的一生，也是智慧与勇气交相辉映的一生。他用自己的行动诠释了如何在复杂多变的世界中，识别并战胜那些看似无形却威力巨大的敌人。对于我们每个人而言，生活中的顽敌同样无处不在，它们或许以不同的形式出现，但只要我们保持警觉，勇于面对，智慧应对，就能在不断的挑战与磨砺中，成长为更加坚韧、更加智慧的自己。在识别与应对隐藏敌人的过程中，我们终将找到属于自己的那片天空，实现生命的价值。

面对顽敌的策略与技巧

克敌制胜的法宝：智勇双全，灵活应对，方能化险为夷。

在生活和事业的道路上，面对命运中的顽敌是每个人都无法避免的现实。这些顽敌可能是外部环境的挑战，也可能是内心深处的恐惧与不安。无论是在职场中与竞争对手的竞争，还是在个人成长中与自我疑虑的斗争，成功的关键在于我们如何制定策略并有效应对这些困难与挑战。面对顽敌的策略与技巧，不仅仅是一门生存的艺术，更是一种智慧的体现。

岳飞之所以能在强敌环伺的南宋初年屹立不倒，不仅因为他有一身过人的武艺和勇往直前的决心，更因为他深谙兵法，能够灵活运用各种策略，以智取胜。他的故事告诉我们，真正的英雄，不仅在于力敌千钧，更在于运筹帷幄之中，决胜千里之外。

岳飞，字鹏举，出生于一个普通的农家，自幼便展现出对武艺的浓厚兴趣与天赋。他勤奋好学，不仅精通武艺，还广泛涉猎兵书战策，这为他日后成为一代名将奠定了坚实的基础。早年，岳飞曾三次投军，虽屡遭挫折，但从未放弃，他的坚持与毅力，在每一次失败中都得到了锤炼与升华。

岳飞最为人称道的战役之一，莫过于郾城大捷。当时，金军统帅完颜宗弼（金兀术）率领大军南下，意图一举灭宋。面对数倍于己的敌军，岳飞没有选择退缩，而是凭借对地形的熟悉和对敌情的精准判断，采取了一系列巧妙的战术。他先是利用夜色掩护，派遣小股部队骚扰金军，使其疲惫不堪；随后，在正面战场上，岳飞亲率精锐骑兵，发动突然袭击，一举击溃了金军的主力。此役，岳飞以少胜多，不仅极大地鼓舞了宋军的士气，也为后来的抗金斗争赢得了宝贵的战略主动权。

岳飞在抗金战争中，展现出极高的军事素养和应变能力。他深知，战场形势瞬息万变，唯有灵活应变，方能立于不败之地。因此，在多次战役中，岳飞都能根据战场实际情况，及时调整战术，或攻其不备，或诱敌深入，再予以重击。例如，在朱仙镇之战中，岳飞利用金军内部矛盾，采用分兵合击的战术，成功围困了金军主力，迫使金军撤退。这一系列胜利，充分展示了岳飞在面对敌人时的智慧与勇气。

岳飞之所以能够成为一代名将，不仅在于他在战术层面的卓越表现，更在于他具有深远的战略眼光和长远规划。他深知，要彻底击败金军，单凭一时的胜利是不够的，必须从根本上改变宋金之间的力量对比。因此，岳飞在军事斗争的同时，也积极推动政治、经济、军事等多方面的改革，以增强国家的综合实力。他整顿军纪，提高军队战斗力；发展生产，改善民生；加强边防建设，巩固国防。这些措施的实施，为南宋的抗金斗争奠定了坚实的基础。

在岳飞的一生中，忠诚与牺牲是他最为鲜明的标签。他始终将国家的利益放在首位，为了国家的安宁与民族的尊严，不惜抛头颅、洒热血。面对朝廷内部的奸佞之徒和外部强敌的双重压力，岳飞始终坚守信念，未曾有丝毫动摇。他的忠诚与牺牲精神，不仅激励了无数将士奋勇向前，也深深地打动了后世之人。然而，令人痛惜的是，这样一位忠臣良将，最终却遭到了奸臣的陷害，含冤而死。但岳飞的精神却永载史册，成为中华民族宝贵的精神财富。

岳飞的事迹告诉我们，在面对强大的敌人或困境时，我们不仅要有勇往直前的勇气，更要有深思熟虑的策略。勇气让我们敢于面对挑战，而策略则让我们能够找到战胜敌人的方法。同时，岳飞的一生也向我们展示了忠诚与牺牲的伟大力量。在追求个人梦想与国家利益的过程中，我们应当始终保持对国家和民族的忠诚，勇于为之付出一切。

岳飞的故事，不仅仅是一段历史的回忆，更是一种精神的传承。它激励着我们每一个人，在面对生活中的顽敌时，都能够像岳飞一样，用智慧与勇气去战胜一切困难与挑战。

那么在面对命运中的顽敌时，有哪些策略和技巧呢？

一是深入了解顽敌。无论是个人生活中的挑战，还是职场、学习中的困境，我们首先要做的就是深入了解它们。只有了解了顽敌的本质与特点，我们才能制定出应对策略。

二是保持灵活性。面对顽敌时，我们要有足够的灵活性去适应变化。世界在变，顽敌也在变，我们必须不断调整自己的策略与计划，以应对新的情况与挑战。

三是团结一切可以团结的力量。一个人的力量是有限的，但当我们团结起来时，就能形成一股不可阻挡的力量。在面对顽敌时，我们要学会寻求帮助与支持，共同应对挑战。

四是培养坚韧不拔的精神。顽敌往往不会轻易放弃对我们的攻击与挑衅，这时我们就需要培养出一种坚韧不拔的精神。无论遇到多大的困难与挫折，我们都要保持信心与勇气，坚持到底。

斗争中的智慧与谋略

　　运筹帷幄之中，决胜千里之外。斗争的过程是智慧与谋略的较量，胜者自会深知其中奥义。

在面对命运中的强大对手时，智慧与谋略的运用是至关重要的。人生的道路上，我们时常会遇到各种各样的挑战和对手，而如何有效应对这些挑战，往往决定了我们的成败。历史上的许多人物在面对艰难的环境和强敌时，凭借着卓越的智慧和策略，成功化解了危机，实现了自己的目标。

19世纪初，中国正陷入内忧外患的困局。鸦片贸易的泛滥使得清朝不仅丧失大量白银，还导致国力衰退，社会矛盾加剧。鸦片不仅侵蚀了民众的身体健康，还严重影响了国家的财政和军事实力。作为一代重臣，林则徐以其卓越的智慧与果敢的谋略，成为这场禁烟斗争中的中流砥柱。透过林则徐的一系列行动，我们不难感受到智慧与谋略在斗争中的巨大力量。

面对鸦片流毒带来的国难，林则徐一开始便展现出敏锐的洞察力和坚定的意志。早在道光十三年(1833年)，他便痛斥英国人通过鸦片贸易套取中国白银是"谋财害命"，并旗帜鲜明地提出严禁鸦片的主张。在朝野内部关于"弛禁"与"严禁"的争论中，林则徐不仅立场坚定，还以事实为依据，提出了系统的禁烟方案。他敏锐地指出："中原几无可以御敌之兵，且无可以充饷之银。"这句话既揭示了鸦片对国家军事与经济的双重危害，也彰显了林则徐从国家存亡高度审视问题的非凡智慧。

道光十八年（1838年），林则徐被任命为钦差大臣，赴广州查禁鸦片。

林则徐的智慧首先体现在他对局势的精准判断和周密部署上。在到达广州的第一天，他就敏锐地意识到，禁烟斗争不仅是一场与鸦片贩子的较量，更是一场与内部腐败势力的斗争。因此，他首先做的就是严明纪律，确保自己的随员不会成为泄密的源头。同时，他宣布只受理揭露鸦片罪犯的呈词，将精力集中在解决最紧迫的问题上。这种抓大放小、集中力量的策略，为他后续的禁烟行动奠定了坚实的基础。

在掌握内部情况方面，林则徐更是展现出了超凡的智慧。他以检查学业为名，召集广州地区书院的学生考试，实则是在动员百姓积极参与到禁烟运动中来。这一举措不仅扩大了禁烟的群众基础，还为他收集了大量的情报。紧接着，他迅速查封所有鸦片烟馆，传讯垄断对外贸易的十三洋行商人，一举查办了历年包庇鸦片走私、贪污受贿的官员，给那些借鸦片走私而受益的大小官吏及其附庸者们以沉重打击。这一系列行动如疾风骤雨般迅猛，让鸦片贩子和内部腐败势力措手不及，也为他后续的禁烟行动扫清了障碍。

在与英国侵略者和鸦片贩子的较量中，林则徐的智慧与谋略更是得到淋漓尽致的展现。他没有选择直接的暴力冲突，而是采取了更为巧妙和策略性的手段。他布告外国商贩，要求他们限期上缴鸦片，并写下保证书。这一举措既表明了禁烟的决心，又给了鸦片贩子一个改过自新的机会。然而，当英国侵略者头子义律试图敷衍了事时，林则徐立即采取了更为严厉的措施。他下令传讯鸦片贩子颠地，查封所有鸦片货船，停止中英贸易。这一系列行动迅速见效，当英国鸦片贩子义律被迫缴纳部分鸦片时，林则徐并未因此满足，而是继续深入追查，查获了藏匿的鸦片及相关人员。经过坚决的斗争，林则徐挫败英国驻华商务监督义律和鸦片贩子的阴谋，收缴英国趸船上的全部鸦片。在短短几个月内，他成功收缴鸦片 19187 箱又 2119 袋，计重 2376254 斤。

虎门销烟，是林则徐禁烟斗争的高潮和巅峰。他没有选择简单的焚烧方式，而是命人在虎门海滩挖掘大池，用盐卤和生石灰浸泡销毁鸦片。这一举措不仅彻底销毁了鸦片，还避免了环境污染。在销烟过程中，林则徐更是亲自监督，确保每一个环节都万无一失。他的细心和忠实程度，远远超出了外国人的臆想。这场震惊世界的虎门销烟，不仅彰显了林则徐的智慧和决心，更让中国人看到了禁烟的希望和曙光。

林则徐的禁烟斗争，不仅是一场胜利的战斗，更是一部充满智慧和谋略的教科书。他用自己的行动告诉我们：在斗争中，智慧和谋略往往比单纯的暴力冲突更为有效。他善于洞察形势、把握时机、制定策略、动员群众、坚定决心、迎难而上。这些品质和精神，不仅在当时具有重大意义，在今天依然具有深远的启示作用。在斗争中，只有拥有智慧和谋略的人，才能立于不败之地；只有拥有坚定信念和爱国情怀的人，才能书写出不朽的传奇。

第五章
逆天的智慧与勇气

智慧如明灯，照亮前行之路；勇气似利剑，斩断一切阻碍。在逆境中积累智慧，在挑战中激发勇气。保持冷静的头脑，平衡智慧与勇气，做出关键抉择。穷则思变，变则通达，不按常理出牌的你，终将成为胜者。

智慧的积累与应用

　　学无止境，智慧如海，引领你走向成功。在历练中积累智慧，化为实用，必能闯出一片天地。

　　在现代社会，智慧的积累与应用常常成为成功的关键。智慧不仅仅来源于知识的累积，还包括从实践中获得的洞察力和战略思维。对这一点的深刻理解和有效运用，往往决定了一个企业或个人能否在复杂多变的市场中脱颖而出。

　　在中国的商界，董明珠是一个绕不开的名字。她的智慧、坚韧和勇气让格力电器从一个名不见经传的小企业，成长为全球家喻户晓的空调巨头。董明珠的成功不是偶然的，而是她不断积累智慧并将其应用到企业经营中的结果。从初入格力到执掌大局，她用自己的方式诠释了什么是智慧的积累与应用，这其中的故事和哲理，令人深思。

　　1990 年，36 岁的董明珠加入格力时，或许没有人会想到，这个名不见经传的销售员会在未来成为企业的灵魂人物。当时的格力只是一个默默无闻的小厂，市场份额有限，产品技术落后，几乎没有任何优势可言。然而，董明珠并没有被这种困境吓倒，她选择迎难而上，展现了超乎常人的毅力和智慧。

董明珠的智慧首先体现在她对销售的理解和创新上。加入格力后，她被分配到安徽市场，这是当时最难开拓的区域之一。在竞争激烈、资源匮乏的情况下，董明珠意识到，单纯推销产品已经不能满足市场需求，客户需要的不仅是产品，更是可靠的服务和企业的信用。她大胆提出"先款后货"的销售模式，这一看似冒险的决定，却成为她打开市场的关键。通过坚持这一模式，她不仅保证了公司的资金周转，还通过优质的服务赢得了客户的信任。正是这种深刻的市场洞察力和超前的销售策略，让她在一年内完成了1600万元的销售额，占据了全公司销售总额的八分之一，成为格力的"销售传奇"。这一卓越的销售成绩引起了公司高层的注意，随后她被调往南京，签下了一张200万元的空调单子。在接下来的一年里，她的个人销售额更是飙升至3650万元。

然而，董明珠的智慧不仅仅体现在销售上。1994年底，格力电器面临严重危机，部分骨干业务员突然"集体辞职"。在这个关键时刻，董明珠经受住了诱惑，坚持留在格力，并最终被全票推选为公司经营部部长。这是她职业生涯中的重要一步，也是她智慧积累的体现。她深知，企业的成功离不开稳定的团队和坚定的信念。在她的领导下，格力电器迅速走出困境，迎来了快速发展的黄金时期。

　　从经营部部长到总裁，再到格力集团董事长，董明珠的每一步都充满了智慧的火花。她不仅注重企业的经济效益，更重视个人品格和职业操守的塑造。她认为，诚信是商业经营的基础，只有能为别人、为社会创造财富的时候，才能真正地拥有财富。因此，2004年，她毅然决然地从国美撤柜，因为国美私自降价导致格力失信于经销商。这一决策虽然短期内可能带来损失，但长远看，维护了格力的品牌形象和经销商的信任。

　　作为管理者，董明珠雷厉风行，铁腕解决欠款问题。她规定上班时间不许吃东西，一经发现就要罚款；面对拖欠货款的问题，她强硬要求先付款再发货。这些看似苛刻的规定背后，是她对企业健康运营的深刻理解和坚定决心。在她的管理下，格力没有应收账款和三角债，财务状况稳健。

　　董明珠的智慧还体现在她的创新思维上。她发明了"淡季返利"和"年终返利"政策，既解决了制造商淡季生产资金短缺的问题，又缓解了旺季供货压力。这一创新举措使格力在竞争中脱颖而出，成为行业的佼佼者。她深知创新是企业发展的核心动力，因此不断投入资源，加强技术研发和创新能力建设。在她的领导下，格力电器建立了完善的研发体系和创新机制，取得了众多重要的科研成果和专利。

　　董明珠十分重视品牌价值的塑造。在她看来，一个企业的成功，不仅仅依赖于产品和技术，还需要有强大的品牌作为支撑。为了提升格力的品牌形象，她坚持质量为先，提出"好空调，格力造"的理念，并将其作为企业文化的一部分深入人心。在她的带领下，格力的空调产品不仅在国内市场占据领先地位，还成功打入国际市场，成为全球空调行业的标杆品牌。

在这个过程中，董明珠还展现出了敢于承担责任的智慧。2012 年，董明珠正式接任格力电器董事长。在这个关键时刻，格力正面临着经济环境变化、行业竞争加剧的双重压力。然而，她并没有选择保守，而是勇敢地提出要让格力进入多元化发展的新阶段。2013 年，董明珠带领格力成为中国首家突破千亿的家电上市企业。从空调到家电，从新能源到智能装备，格力一步步实现了产业链的拓展和升级。2024 年 1 月 28 日，董明珠在格力 2024 全球梦想盛典活动上表示，2023 年格力创造了 290 亿元利润，贡献税收 176 亿元，均创历史新高。这种战略眼光和果敢决策，无不体现了董明珠智慧的累积和实践能力的高度融合。

董明珠用自己的行动证明了，无论起点多低，只要坚持不懈地学习和实践，终能攀上事业的高峰。她的智慧不仅来源于书本知识，更来源于对生活的深刻理解和对自我价值的坚定信念。

如今的格力，已经成为一个代表中国制造业实力的符号，而这一切的背后，都离不开董明珠对智慧的积累与应用。她用自己的经历向我们证明，在通往成功的路上，智慧永远是最宝贵的财富，而智慧的应用，则是打开成功大门的钥匙。

勇气的培养与激发

勇气不仅是面对困难的决心，更是不断克服恐惧的力量。勇者无惧，勇气为帆，助你乘风破浪。

在人类历史的长河中，勇气始终是推动文明进步、个人成长的重要力量。它不仅是面对危险时的无畏，更是面对未知、挑战自我时的坚定与执着。勇气，这份内在的光芒，并非与生俱来，而是通过不断地培养与激发，在生活的磨砺中逐渐绽放。正如我国首位进入太空的航天员杨利伟，他的勇气令无数人钦佩。

2003 年 10 月 15 日，杨利伟乘坐神舟五号飞船成功进入太空，成为中华民族历史上第一位进入太空的航天员。这一壮举不仅标志着中国航天事业迈向新高度，更让全世界见证了中国航天员无与伦比的勇气和毅力。在这历史性的一刻背后，是杨利伟多年艰苦训练、严苛挑战以及自我突破的历程。他的故事不仅展现了勇气的伟大力量，更揭示了勇气的培养与激发能够塑造出一个肩负重大使命的人。

杨利伟的勇气并非与生俱来，而是通过一次次突破心理极限和身体极限逐步培养起来的。成为航天员之前，他是一名空军飞行员，经历了上千次高风险飞行任务。空军飞行训练极其严苛，要求飞行员时刻保持高度警觉，并能够冷静应对任何突发状况。杨利伟在多年的飞行生涯中积累了丰富的经验，同时也培养了遇险不慌、处变不惊的心理素质。这是他迈向航天员生涯的第一步，而这种稳定的心理状态也是勇气的基础。

航天员的选拔过程比空军飞行员更为严格，既要具备超凡的身体素质，还要经受住心理和意志的重重考验。杨利伟在1998年被选入中国首批航天员队伍时，就已经清楚地认识到，这不仅是一次荣誉，更是一场无比艰巨的挑战。从身体到精神，从技术到意志，每一个方面都需要不断突破自我。他在训练中表现出的坚韧和专注，成为他能够脱颖而出的关键因素之一。

航天员的训练包含着许多常人难以想象的高强度项目：超重力加速度训练、失重环境模拟、极端生存条件下的适应性测试等。杨利伟在接受8G加速度训练时，必须承受超过自身重量8倍的重力压迫，这种超负荷状态会让血液倒流，呼吸困难，甚至产生昏厥的危险。然而，他始终咬牙坚持，在这种极端压力下磨炼了强大的意志力。每一次训练，杨利伟都将其视为挑战自己的机会。他坚信，只有在地面上经历最严酷的考验，才能在太空中应对不可预测的危险。

面对一次次生理和心理的极限挑战，杨利伟展现了超凡的勇气，而这种勇气不仅源自他的本能反应，更来源于长久以来的积累与培养。他始终抱着一种使命感，深知自己的任务不仅关乎个人成败，更关系到国家的尊严和民族的未来。正是这种责任感，成为他勇气的内在动力，使他在无数次难关面前都选择挺身而出。

除了训练，杨利伟在航天任务执行前还经历了巨大的心理压力。作为中国首位进入太空的航天员，他要面对未知的风险和巨大的舆论期待。当时的神舟五号飞行任务是中国首次载人航天尝试，技术的成熟度和安全性尚未完全验证。杨利伟深知，一旦出现问题，可能会危及生命。然而，他选择了无畏地接受这一使命。他曾坦言："只要祖国需要，哪怕只有百分之一生还的机会，我也会义无反顾。"这一句话展现了他面对未知时坚定的信念和无畏的态度。

当神舟五号冲破大气层，飞向浩瀚的宇宙时，杨利伟也迎来了他人生中最艰难的时刻。在飞行至30~40公里高空时，一场低频共振将他逼到死角，身体似乎被压迫到窒息的边缘。那是一种我们常人无法想象的煎熬，10赫兹以下的低频振动会引起人的内脏共振，剧烈抖动叠加在大约6G的负荷之上。由于从未进行过这种训练，杨利伟感觉五脏六腑都要被撕裂，甚至短短26秒让他产生了"我要牺牲了"的错觉。然而，杨利伟并没有放弃。他凭借着顽强的毅力和坚定的信念，最终克服了这场危机。当神舟五号平稳着陆于内蒙古四子王旗着陆场时，杨利伟从太空中平安归来。他激动地说："我为祖国感到骄傲！"这句话不仅是对自己的肯定，更是对国家和民族的深情告白。

杨利伟的太空之旅虽然只有短短的21小时23分钟，但他所展现出的勇气和坚韧却永远铭刻在了中国人的心中。他的成功不仅是中国航天史上的一个重要里程碑，更是对中华民族自强不息、勇于攀登精神的最好诠释。

勇气的培养与激发并非一朝一夕之功。它需要我们在面对困难和挑战时保持坚定的信念和顽强的毅力。杨利伟在成为航天员之前，经历了无数次的磨砺和考验。他从一个普通的飞行员逐渐成长为能够承担载人飞行任务的英雄，背后是无数次的失败与挫折。然而，他并没有因此而放弃。相反，他更加坚定了自己的信念和目标。他深知，只有不断挑战自我、超越自我，才能走向成功。

杨利伟是为祖国、为民族奋斗的缩影，更是每一个追求卓越的人可以效仿的榜样。他用自己的经历告诉我们，勇气不是天生的，而是可以通过努力和实践一点点培养出来的。而当这种勇气被激发时，它将变得无比强大，足以让我们挑战极限，超越自我。

在逆境中保持冷静

冷静是智慧的源泉，在逆境中更显珍贵。在逆境中保持冷静，是做出明智决策的前提。

在人生的长河中，每个人都会遭遇风浪与挑战，而如何在逆境中保持冷静，不仅是对心智的考验，更是通往成功不可或缺的钥匙。正如海浪中的灯塔，为航行者指引方向。那些在逆境中依旧能够稳住阵脚、冷静应对的人，往往能够书写出更加辉煌的人生篇章。

在中国体坛的璀璨星空中，樊振东，这位乒乓球界的佼佼者，正是以他在逆境中的冷静与坚韧，为我们演绎了一段段动人心魄的传奇，尤其是在他参与2024年巴黎奥运会的过程中，这种品质更是被他展现得淋漓尽致。

厚积蓄志，披荆斩棘，樊振东的乒乓球生涯是一段充满挑战与辉煌的旅程。自2013年初次踏上巴黎世界乒乓球锦标赛的舞台，到2024年巴黎奥运会上的辉煌成就，他用自己的汗水和坚持，书写了一段段令人动容的篇章。

在这段漫长的征途中，樊振东并非一帆风顺。从东京到巴黎，三年间，他经历了职业生涯的低谷与迷茫，外界的质疑与过度关注如同重压，让他一度感到无所适从。但正是这些挫折与困境，铸就了他坚韧不拔的意志和冷静沉稳的心态。他深知，成功从不是一蹴而就，而是无数次跌倒后的爬起，是无数次失败后的反思与改进。

在备战巴黎奥运会的过程中，樊振东学会了更加理性地面对各种舆论，将注意力集中在训练与比赛本身。他不再过度看重结果，而是更加注重过程与细节，享受每一次挥拍带来的快感，享受在孤独中成长的滋味。这种心态的转变，让他在面对困难时更加从容不迫，更加能够发挥出自己的最佳水平。

当巴黎奥运会的号角吹响，樊振东以更加成熟和稳健的姿态站上了赛场。在男子单打比赛中，面对抽签不利、队友出局的严峻形势，他没有丝毫的退缩与畏惧，而是将压力转化为动力，用实际行动诠释了"迎难而上"的体育精神。在与日本选手张本智和的较量中，他更是展现出了惊人的冷静与坚韧。在1比2落后的不利局面下，他迅速调整心态，换上新球衣，重返赛场，仿佛一切重新开始。他认真对待每一个球，每一个细节，逐渐找回了自己的节奏与状态。最终，在激烈的对抗中，他以更加主动、果断的打法赢得了比赛，捍卫了国乒的荣耀。

这场比赛不仅是对樊振东个人能力的肯定，更是对他逆境中保持冷静、勇于挑战精神的最好诠释。他用自己的行动证明了：只有那些敢于面对困难、勇于挑战自我的人，才能在逆境中绽放出最耀眼的光芒。

挫折与困境并不可怕，它们只是通往成功路上的垫脚石。只要我们能够保持冷静、坚定信念、勇于挑战自我，就一定能够战胜一切困难，迎来辉煌时刻。在逆境中保持冷静，是通往成功的关键所在。

智慧与勇气的平衡

> 智慧和勇气相辅相成，在逆天的过程中，两者的平衡至关重要。智勇双全，方能在逆境中稳操胜券。

在历史的长河中，智慧与勇气如同双生子，它们相互依存，共同推动着文明的进步与民族的崛起。智慧，是深思熟虑后的策略与洞察；勇气，则是面对困境时无畏前行的力量。当这两者在一个人身上达到完美的平衡时，便能绽放出耀眼的光芒，照亮前行的道路。

战国时期，诸侯纷争，各国之间明争暗斗，赵惠文王得到了一块稀世之宝——和氏璧。然而，这块宝玉很快便引起了强秦的觊觎。秦昭王提出以十五座城池交换和氏璧的请求，看似公平交易，实则暗藏玄机。赵国上下深知，若轻易交出玉璧，无异于示弱；但若拒绝，又恐得罪强秦，引发战争。赵国陷入两难境地，急需一位能言善辩、智勇双全的使者出使秦国，以应对这场危机。

在这关键时刻，蔺相如挺身而出。他并非出身名门望族，只是一名宦者令的门客。然而，他却凭借着自己的智慧和勇气，赢得了赵惠文王的信任，肩负起了出使秦国的重任。蔺相如的智慧，首先体现在他对局势的深刻洞察上。他深知秦国以强凌弱，赵国若轻易交出玉璧，必将损失惨重。因此，他决定采取一种巧妙的方式，既保全玉璧，又维护赵国的尊严。他清楚赵国在军事力量上不敌秦国，但并未因此退缩，而是选择以智慧与勇气为武器，以理服人。

在秦国的宫殿之中，蔺相如以其过人的胆识和冷静的判断力，面对强大的秦昭王不卑不亢。秦昭王初见和氏璧时的喜悦与其后无意兑现承诺的态度形成了鲜明对比。蔺相如敏锐地察觉到秦昭王只是以交换城池为借口，而无真实割让之意。为了挫败秦昭王的阴谋，他用一个看似简单却充满智慧的借口——将璧上的红斑指给秦王看，成功将和氏璧拿到了自己手中。

此时，蔺相如毫不畏惧，手持和氏璧，强调秦国是大国，应该比百姓更有诚信，他带着和氏璧来秦国更是出于对秦国的尊敬，但秦昭王的接见礼节十分轻慢，甚至有戏弄之意，指责秦王得璧后态度傲慢，传示左右，没有给赵王十五城的诚意，威胁秦昭王如果逼迫他，就将和氏璧撞碎于柱上。正是这种超越生死的勇气，让秦昭王不敢轻举妄动，最终不得不妥协，示意地图上的十五座城池划归赵国。智慧与勇气的结合不仅帮助蔺相如化解了初步的危机，还让他进一步掌控了局势。

当秦昭王假意同意割城后，蔺相如又巧妙地提出：送璧之前，赵王斋戒了五天，大王也应斋戒五日，举行九宾大典，以表对赵国的尊重。他提出的方案既体现了赵国的诚意，又为自己保留了回旋余地，使赵国在道义上占据主动，同时也为应对秦国的欺诈做好了准备。在秦国宫殿安排斋戒期间，他派随从将和氏璧秘密送回赵国，从而彻底粉碎了秦昭王试图强取豪夺的计划。这一举措不仅展现了他的缜密思维，还显示了他对局势的精准把控。蔺相如的智慧并非纸上谈兵，而是能够在实践中灵活运用，为解决问题找到最佳的突破口。

当然，智慧的光芒需要勇气来承载。蔺相如的每一步行动，都离不开强大的心理支撑和无畏的勇气。孤身赴秦，他知道一旦计划失败，自己的性命可能不保，但他依然选择前往；面对秦昭王和众臣，他明知自己势单力薄，却毫无惧色；即使在被威胁的时刻，他仍以坚定的态度与对方针锋相对。这种勇气并非源于一时冲动，而是基于对国家的忠诚，是智慧和责任感的外在表现。

蔺相如智勇双全的表现，不仅成功完璧归赵，还用自己的机智和胆略挫败了秦昭王的霸道行为，维护了赵国的尊严。这一事件充分体现了智慧和勇气相辅相成的力量：智慧让蔺相如能够洞悉局势，制定出周密的策略；而勇气让他能够坚定不移地执行计划，战胜重重困难。如果没有智慧，蔺相如可能会陷入秦昭王的骗局；如果没有勇气，他的智慧再高明也无法付诸实践。

蔺相如的事迹对后人具有深远的启示。在当今社会，我们同样需要智慧与勇气的平衡。生活中常常会遇到复杂的问题和棘手的挑战，单凭智慧可能难以解决，单靠勇气则可能陷入鲁莽行事的困境。

智慧让我们能够分析问题、寻找方案，而勇气让我们能够果断行动、直面风险。只有智慧与勇气并举，才能克服困难，迎来转机。

逆天之路中的关键抉择

> 抉择决定命运。关键的抉择，往往决定了未来的走势与方向。

逆天之路，往往布满荆棘与挑战，而那些敢于挑战极限、突破常规、走上逆天之路的人，往往会在关键时刻面临至关重要的抉择。这些抉择，如同夜空中最亮的星，指引着他们穿越迷雾，抵达梦想的彼岸。

19 世纪末，中国正值风雨飘摇之际，外有列强环伺，内则民生凋敝。在这样的背景下，清政府决定自主修建连接北京与张家口的京张铁路，这一决定在当时无疑是逆天之举——不仅因为技术难度大，更因为此前中国铁路多由外国工程师主持修建，国人对此缺乏信心。当时，英俄都想插手，由于中国人民的强烈反对，他们的企图没能得逞。英俄使臣以威胁的口吻说："如果京张铁路由中国工程师自己建造，那么与英俄两国无关。"他们原以为这么操作，中国就无法建造这条铁路了。然而，在这关键时刻，詹天佑毫不犹豫地接下了这个艰巨的任务，全权负责京张铁路的修筑。

当时，国内外舆论普遍认为，中国没有能力独立完成如此复杂的工程，甚至有外国工程师公开嘲笑说："能修建这条铁路的中国工程师还没出生呢！"面对这样的压力，詹天佑没有退缩，他表示："中国地大物博，而于一路之工必须借重外人，我以为耻！"他深知这不仅是一条铁路的建设，更是国家尊严和民族自信的象征。他坚信，只要勇于尝试，中国人完全有能力克服一切困难，修建好这条铁路。这一抉择，展现了詹天佑超凡的勇气和对国家深沉的爱，也启示我们：在追求梦想的路上，外界的质疑和否定往往是最难跨越的障碍，但唯有坚持自己的信念，才能走出一条属于自己的道路。

在京张铁路的修建过程中，詹天佑还面临一个艰难的抉择，如何在有限的资源和技术条件下，确保工程的顺利进行。列强出于嘲笑中国的目的，拒绝向詹天佑出售必要的机械设备，迫使他只能依靠人力来完成艰巨的任务。在建设京张铁路的过程中，特别是在八达岭青龙桥地区，由于山脉连绵起伏，需要开凿大量的隧道。为了加速工程进度，詹天佑巧妙地运用了分段施工的方法，安排了两支施工队伍从隧道的两端同时开始挖掘，这一策略极大地提升了工作效率。

然而，当铁路线路经过青龙桥时，遇到了一个严峻的挑战：地势过于陡峭，而当时的火车动力不足，难以攀爬。面对这一难题，他带领团队进行了大量的实地考察，精心设计了"人"字形线路，巧妙解决了八达岭坡度大、火车难以直接爬升的问题。这一创新不仅大大降低了施工难度，还提高了运输效率，成为世界铁路史上的经典之作。最终，在 1909 年 8 月，京张铁路全线提前两年顺利贯通，而且整个工程的费用仅为列强预测的五分之一，远低于他们的预期。京张铁路的建成，不仅提升了中国的国际地位，更重要的是，它向世界展示了中华民族自强不息、勇于探索的精神风貌。

詹天佑修建京张铁路的历程，是一段充满挑战与机遇的逆天之旅。在这段旅程中，他的每一个关键抉择，都闪耀着勇气、智慧、担当与远见的光芒。这些抉择不仅成就了他个人的传奇，更为后人留下了宝贵的精神财富。在逆天之路上，我们每个人都可能遇到类似的抉择，但只要我们能像詹天佑那样，一旦做出抉择，就全力以赴，就一定能在逆境中走出自己的路。

穷则思变，变则通达

变通之道，在于思考与变革。在困顿中努力变革，通达之路必将出现在眼前。

在生活中，我们常常会遇到各种困境和挑战。面对困境时，我们不仅需要勇气和坚持，更需要思考和变革。正如古语所说："穷则思变，变则通达。"这一原则的精髓在于，当我们处于困境中时，只有通过变革和创新，才能突破困境，获得新的发展机遇。

这一古训不仅是中国智慧的结晶，也跨越国界，在世界的每一个角落发光发热。英国文豪查尔斯·狄更斯的一生，便是这一哲理的生动写照。他从一个贫困的童年出发，通过不懈的努力与深刻的思考，最终成为文学史上不可磨灭的璀璨明星，其作品至今仍影响着全球无数读者的心灵。

查尔斯·狄更斯诞生于19世纪初的英国，那是一个工业革命浪潮汹涌、社会阶层分化加剧的时代。他的家庭并不富裕，父亲因债务问题多次入狱，年幼的狄更斯不得不早早地承担起家庭的重担，进入工厂做童工，以补贴家用。这段经历虽然艰辛，却也为他日后的文学创作提供了丰富的素材和深刻的情感体验。在贫困与苦难中，狄更斯学会了观察社会，体味人情冷暖，这些都成为他作品中不可或缺的元素。

面对生活的重压，狄更斯没有沉沦，而是开始了对命运的深刻反思与不懈抗争。他意识到，唯有通过教育改变命运，才能摆脱贫困的束缚。于是，他利用一切可能的机会自学，如饥似渴地吸收着知识的养分。从古典文学到现代哲学，从社会政治到经济理论，狄更斯的阅读范围极为广泛，这为他日后的文学创作打下了坚实的基础。更为重要的是，这段自学经历让他学会了独立思考，学会了从更广阔的视角审视社会，从而萌生了通过文学创作来改变社会现状、唤醒人们良知的念头。

终于，在不懈的努力下，狄更斯迎来了他文学生涯的春天。《匹克威克外传》的出版，标志着他正式踏入文坛，并以其独特的幽默风格和对社会现象的深刻剖析，赢得了读者的广泛喜爱。随后的《雾都孤儿》《双城记》《大卫·科波菲尔》等作品，更是将狄更斯的文学才华推向了巅峰。他笔下的世界，既是对当时英国社会现实的深刻揭露，也是对未来美好生活的热切向往。狄更斯以笔为剑，通过一个个生动鲜活的人物形象，传递着"仁爱""正义"与"变革"的力量，激励着无数读者勇敢面对生活的困境，追求更加美好的未来。

在我国也有这样的一位文学巨匠——莫言。与狄更斯出生于贫困之家相似，莫言出身于一个普通的农民家庭，早年的生活条件并不优越。然而，正是这份贫困与艰辛，激发了他对文学的热爱与追求。莫言没有放弃对知识的渴望，他通过自学和不懈的努力，逐渐在文坛崭露头角。他的作品，如《红高粱》《蛙》等，不仅展现了中国农村社会的深刻变迁，也表达了对人性、历史与命运的深刻思考。莫言以独特的叙事风格和丰富的想象力，赢得了国内外读者的广泛赞誉，并最终荣获诺贝尔文学奖，成为中国文学走向世界的重要代表。

无论是查尔斯·狄更斯还是莫言，他们的故事都深刻诠释了"穷则思变，变则通达"的哲理。在人生的低谷中，他们没有被困境所打败，而是选择了勇敢面对，积极思考，最终通过自身的努力与变革，实现了人生的华丽转身。这告诉我们，无论身处何种境遇，只要保持对生活的热爱与对知识的追求，勇于改变现状，就一定能够找到通往成功的道路。同时，他们的创作也提醒我们，文学不仅是艺术的表达，更是社会责任的担当。好的文学作品，可以唤醒人们的良知，推动社会的进步与发展。

　　"穷则思变，变则通达"不仅仅是个人奋斗的信条，更是我们面对生活挑战时的一种智慧。无论处于何种社会背景，只有在艰难困苦中找到出路，才能焕发出生命的光彩。查尔斯·狄更斯和莫言用他们的经历与作品，生动地诠释了这一哲理。他们在绝境中不屈不挠的奋斗精神，启示着我们在面对生活困境时，应当保持勇气与信念，努力去寻求改变，才能实现通达之路。

　　生活的挑战虽然艰巨，但人类所追求的希望、梦想与幸福是永恒的。在这个过程中，我们每个人都能找到自己的声音，通过艺术与文学去触动他人，改变自己和周围的世界。这样的力量，无疑是在逆境中寻求变革所获得的伟大成果。

第六章
逆境中的逆袭

在逆境的洪流中，每一次跌倒都是对意志的磨砺，失败如同试金石，筛选出真正的勇士。再跌一次不过是成长的代价，从头再来，每一次尝试都蕴藏着成功的可能。低谷不是终点，而是新生的起点。屡败屡战，铸就了坚不可摧的赢家心态。失足非末路，而是通往辉煌新路的序章。

失败是成功的试金石

每一次挫败，都是通往成功之路上不可或缺的磨砺。每一次失败的经历都是未来成功的铺垫与积累。

在我们的人生旅程中，逆境往往是一种不可避免的经历。每一个人都难免会遭遇挫折与失败，而所谓逆境中的逆袭，正是在这样的困难境遇中，找到前行的力量，最终迎来蜕变与成功的过程。

在探索与创造的浩瀚星空中，每一位伟大的发明家都是一颗耀眼的星辰，他们以不懈的努力和坚定的信念，照亮了人类前行的道路。

托马斯·阿尔瓦·爱迪生，这位被誉为"发明之王"的巨匠，其一生中最为人称道的成就之一，便是发明了改变人类生活方式的电灯。爱迪生的电灯发明之旅，不仅是一段科技革新的传奇，更是一曲关于失败与成功、坚持与梦想的壮丽颂歌，深刻诠释了"失败是成功的试金石"这一不朽真理。

在人类历史的长河中，照明方式的演变一直是文明进步的重要标志。当英国的科学家戴维和法拉第发明了电弧灯，虽然它标志着人类向电光源迈出了一大步，但其刺眼的光线、高昂的能耗以及不实用性，让这一发明并未能广泛普及。正是在这样的背景下，爱迪生，一个对未知世界充满无限好奇与热情的年轻人，立下了发明一种更加柔和、经济、实用的电灯的宏伟志向。这份决心，源自他对人类福祉的深切关怀，也源自他对科学探索的无限热爱。

爱迪生深知，要实现这一梦想，必须克服重重困难，其中最大的挑战便是找到一种理想的灯丝材料。从传统的炭条到昂贵的金属钌、铬、白金，爱迪生和他的团队尝试了无数种可能，但每一次尝试都似乎离成功遥不可及。面对一次又一次的失败，外界的质疑声此起彼伏，甚至有人嘲笑他的想法是痴人说梦。然而，爱迪生从未动摇过自己的信念，他坚信失败是成功的试金石。在他看来，每一次失败都是向成功迈进的一步，是通往成功的必经之路。

正是这份坚韧不拔的精神，支撑着爱迪生走过了漫长的试验之路。从6000多种材料的初步筛选，到1600多种材料的深入试验，再到7000多次的反复尝试，爱迪生和他的团队几乎尝试了当时所有可能用于制作灯丝的材料。在这个过程中，他们经历了无数次的失败，每一次失败都像是沉重的打击，但爱迪生总是能够迅速调整心态，从失败中汲取教训，继续前行。

终于，在1879年的一个偶然机会下，爱迪生尝试将炭化棉线装入灯泡，并成功点亮了人类历史上第一盏具有实用价值的电灯。这盏电灯不仅光线柔和，而且耗电量大大降低，它的出现，标志着人类照明技术的一次革命性飞跃。然而，爱迪生并未因此满足，他深知，要让电灯真正走进千家万户，还需要进一步提高灯泡的寿命。于是，他又开始了新一轮的试验，最终发现炭化后的竹丝作为灯丝效果极佳，灯泡的寿命大幅提升，可达 1200 小时之久。

在爱迪生看来，失败不是终点，而是通往成功的桥梁。他从不畏惧失败，反而将每一次失败视为一次宝贵的学习机会，从中汲取经验教训，为下一次尝试做好更充分的准备。这种积极的心态和正确的态度，正是爱迪生能够最终发明电灯的关键所在。

爱迪生的电灯发明之旅告诉我们，成功从来不是一蹴而就的，而是需要经历无数次的尝试与失败。在追求梦想的过程中，失败是不可避免的，无论面对多大的困难和挑战，只要我们保持坚定的信念，勇于尝试、敢于失败，坚持不懈地努力下去，就一定能够迎来成功与辉煌。

再跌一次也没关系

> 勇气在于不断尝试，即使跌倒也要笑着站起来。每一次的挫折都是新的学习机会，使我们变得更加坚韧。

在人生的长河中，跌倒和失败似乎是不可避免的经历。面对这些挫折，有人选择放弃，有人则以此为契机，重新站起来，继续前行。史蒂芬·霍金，这位被誉为"宇宙之王"的物理学家，便是这样一位闪耀着不屈光芒的巨人。

霍金的一生，从1942年1月8日在英国牛津诞生那一刻起，便似乎注定不平凡。他出生当天，恰逢意大利天文学家、物理学家伽利略逝世300周年，这一巧合仿佛预示了他将与科学结下不解之缘。然而，命运似乎对他并不公平。21岁那年，霍金被诊断出患有肌萎缩性脊髓侧索硬化症（ALS），俗称"渐冻人症"，医生预言他只剩下两三年的生命。面对命运的沉重打击，霍金并未一蹶不振。起初，他也感到迷茫和绝望，但一次次内心的挣扎后，他选择了坚强。他意识到，虽然身体渐渐被束缚，但思想的世界依然广阔无边。他的人生不该仅仅因为疾病而止步不前，而是要用有限的时间去探求无限的真理。

在疾病的侵袭下，霍金的身体逐渐失去了自由，从最初的行动不便，到后来几乎完全丧失语言能力，仅能通过三根手指和脸部肌肉的微小动作与外界交流。然而，正是这样的身体条件，激发了他内心更为强大的精神力量。霍金在他的著作《果壳中的宇宙》里，曾引用过莎士比亚的悲剧《哈姆雷特》中的一句名言："即使我被关在果壳之中，仍然自以为是无限空间之王。"这句话，不仅是他对自我困境的幽默自嘲，更是他对科学探索无尽渴望的真实写照。

霍金在学术上的成就，是对人类智慧的巨大贡献。1970年，他与罗杰·彭罗斯共同证明了著名的奇点定理，这一理论揭示了宇宙大爆炸的起源，为现代宇宙学的发展奠定了基石。随后，霍金提出了黑洞辐射理论，即"霍金辐射"，这一发现颠覆了传统观念中黑洞"只进不出"的认知，将广义相对论、量子场论和热力学完美融合，成为弯曲时空中的量子场论的里程碑。此外，霍金还对宇宙的无边界模型、黑洞面积定理以及黑洞"无毛"定理等做出了重要贡献，每一项成就都足以让任何一位科学家引以为傲。

　　然而，霍金的成就远不止于物理学领域。他是一位多才多艺的科学家，通过科普著作和公共演讲，将深奥的科学知识传递给大众。《时间简史》和《果壳中的宇宙》等作品，不仅在全球范围内畅销，更激发了无数人对宇宙的好奇心和探索欲。霍金还以幽默风趣的形象出现在电影、电视剧和卡通片中，通过电子发声器与摇滚乐队合作，展现了他丰富多彩的生活态度和乐观向上的精神风貌。

　　霍金的一生，是与病魔斗争、不断跌倒又不断爬起的传奇。每一次跌倒，对他而言都是一次新的挑战，但他从未放弃。他深知，跌倒并不可怕，可怕的是失去重新站起来的勇气。霍金曾说："生活是不公平的，不管你的境遇如何，你只能全力以赴。"这句话，不仅是对自己人生的总结，也是对后来者的鼓励。

　　霍金的精神力量，源于他对科学的热爱和对生命的尊重。他坚信，科学是人类探索未知、理解宇宙的钥匙，而生命的意义在于不断挑战自我、超越极限。霍金曾说："我的目标很简单，就是明白整个宇宙它为何如此，它为何存在。"这种对宇宙奥秘的不懈追求，让他在病痛中找到了生活的意义和价值。

　　在霍金的一生中，我们看到了一个普通人如何凭借不屈的意志和坚定的信念，成为一位伟大的科学家和思想者。他的成就，不仅在于他在物理学领域做出的杰出贡献，更在于他面对逆境时所展现出的坚韧和乐观。霍金的故事告诉我们，无论遇到多大的困难，都不能放弃希望；无论跌倒多少次，都要勇敢地站起来。因为，只有不断挑战自我、超越极限，我们才能发现生命的无限可能。

霍金的故事，将永远激励着后来者不断探索未知、追求真理。正如他自己所说："永恒是很长的时间，特别是对尽头而言。"霍金虽然离我们而去，但他的精神将永远照耀着我们前行的道路。他用自己的生命，书写了一部关于勇气、坚持和乐观的传奇，让我们相信，再跌一次也没关系。因为，每一次跌倒，都是为了更好地站起来。

从头再来，成功可期

成败无常，能够从头再来才是生活的真正智慧。放下过去，从头开始，成功就是时间的馈赠。

在浩瀚的人生征途中，每个人都会遭遇起伏跌宕，成功与失败如同日升月落，交替更迭，构成了丰富多彩的人生画卷。在这个过程中，"从头再来，成功可期"不仅是一句鼓舞人心的格言，更是李维·施特劳斯传奇一生的真实写照。他的故事，如同一条蜿蜒曲折的河流，虽然历经险阻，却始终向前，最终汇入成功的海洋。

1829年，李维·施特劳斯诞生于德国一个平凡职员之家，身为德籍犹太人，他自幼展现非凡才智，循规蹈矩地完成了学业，步入职场成为文员，如同家族前辈。然而，1850年，美国西部的淘金热潮如磁石般吸引了他，不安于现状的冒险精神驱使他放弃了安稳的工作，毅然踏上前往旧金山的淘金之旅。

抵达旧金山后，面对人潮汹涌的淘金景象与简陋的生活条件，李维·施特劳斯意识到竞争的激烈与梦想的遥不可及。在深思熟虑后，他转而将目光投向了淘金者的实际需求，决定开设一家日用品商店，服务于这群追梦者，这一转变成为他事业的新起点。

商店的繁荣验证了李维·施特劳斯的敏锐洞察，但一次采购失误让他面临帆布滞销的困境。正当绝望之际，一位淘金者的需求激发了他的灵感——耐用裤装的构想。面对挑战，李维·施特劳斯没有选择放弃，而是勇于尝试，将原本无人问津的帆布转化为创新产品——结实耐磨的工装裤，这便是日后风靡全球的"牛仔裤"雏形。

1853年，这一革命性的产品诞生，标志着李维职业生涯的重大转折。从放弃淘金到经营日用品，再到创造牛仔裤，李维·施特劳斯的每一次"从头再来"都蕴含着对时机的精准把握与对失败的积极转化。他的故事深刻诠释了"从头再来，成功可期"的哲理：在人生的旅途中，面对挫折与失败，勇于改变方向，抓住新的机遇，便能在逆境中开辟出新的成功之路。

李维·施特劳斯的一生，是不断从头再来的过程。每一次面对失败，他都能迅速调整心态，将失败转化为前进的动力。这种勇气与智慧，不仅来自他对梦想的执着追求，更来自他对生活的深刻理解和积极态度。他明白，成功从不是一蹴而就的，它需要无数次的尝试与失败，需要不断的调整与创新。正是这种永不言败的精神，让他在每一次跌倒后都能重新站起来，最终登上了"牛仔大王"的宝座。

"从头再来，成功可期"。李维·施特劳斯的人生充满了起伏与波折，但正是这些经历，塑造了他坚韧不拔的性格和非凡的创造力。他教会我们，面对失败时，不必过分沮丧或自责，因为每一次失败都是一次宝贵的学习机会；而面对成功时，也应保持谦逊与警醒，因为成功往往只是暂时的，唯有不断创新与努力，才能持续前行。

在商界，还有一位值得我们敬佩的人物——泰国的施利华，他是商界拥有亿万资产的风云领头人物。1997年的一次金融危机使他破产了，面对失败，他只说了一句："好哇！又可以从头再来了！"他从容地走进街头小贩的行列——叫卖三明治。一年后，施利华靠卖三明治实现了东山再起。1998 年，泰国《民族报》评选"泰国十大杰出企业家"，结果，施利华名列榜首。

李维·施特劳斯和施利华的故事告诉我们，失败并不可怕。无论遇到多大的困难与挑战，只要我们有从头再来的勇气与智慧，有积极乐观的心态与行动，就一定能在人生的道路上走出自己的精彩。因为，从头再来，成功可期，关键在于我们是否愿意在每一次跌倒后都勇敢地站起来，继续前行。

低谷也是新的起点

在最低谷处寻找转机，每一次低谷都是向上的新起点，触底反弹。

在人生的长河中，每个人都会遭遇低谷，那些看似绝望的时刻，往往蕴藏着转机与重生的力量。正如太阳在黎明前的黑暗中孕育着第一缕曙光，低谷，实则是生命给予我们重新审视自我、重新出发的宝贵契机。海伦·凯勒，这位在黑暗与寂静中绽放光芒的伟大女性，用她非凡的一生，诠释了"低谷也是新的起点"这一道理。

在人生的初始阶段，海伦·凯勒似乎被命运无情地抛入了最深的低谷。1880年,她出生于美国亚拉巴马州的一个小镇,本该拥有如大多数孩童般无忧无虑的童年,但一场突如其来的疾病——急性胃充血和脑充血,剥夺了她的视力和听力,将她推向了一个无声无光的孤独世界。对于年幼的海伦而言,这无疑是生命中最沉重的打击,她的世界仿佛一夜之间崩塌,陷入了无尽的黑暗与寂静之中。

然而,正是这样的低谷,成为海伦人生旅程中一个新的起点。她没有被命运的残酷所击垮,反而在逆境中觉醒了内心深处对光明、知识和爱的渴望。这份渴望,如同荒漠中偶遇的一片绿洲,给了她无尽的力量与希望。

当大多数人都认为海伦的未来注定黯淡无光时,一位名叫安妮·莎莉文的老师走进了她的生活,成为她生命中的光。莎莉文老师不仅教会了海伦如何用手语交流,更重要的是,她以极大的耐心和爱心,引导海伦学会了阅读、写作,甚至感知和理解这个世界。在海伦的心中,莎莉文老师不仅是她的导师,更是她心灵的引路人,帮助她跨越了身心的障碍,打开了通往知识与智慧的大门。

通过不懈的努力,海伦逐渐克服了学习上的重重困难,她的思想开始飞越重重限制,探索着更加广阔的世界。她如饥似渴地吸收着书籍中的养分,从文学、历史到哲学、科学,无不涉猎。书籍成为她最亲密的伙伴,为她构建了一个丰富多彩的内心世界,也让她深刻理解到,尽管身体受限,但精神可以无限自由。

海伦并没有满足于个人的成长与成就,她深知自己拥有的力量可以激励和帮助更多的人。于是，她开始积极投身于慈善和教育事业，用自己的经历鼓舞着那些同样身处困境中的人们。她四处演讲，分享自己的故事，呼吁社会对残疾人给予更多的关注与帮助。同时，她还积极参与盲聋人教育事业，推动建立了多所盲聋学校，为更多像她一样的孩子提供了受教育的机会。

海伦的成就远不止于此。她还是一位才华横溢的作家，她的自传体作品《假如给我三天光明》感动了全世界，成为激励无数人战胜困难、追求梦想的经典之作。在这本书中，海伦以细腻的笔触描绘了自己对光明的渴望、对知识的追求以及对生命的热爱，让读者深刻感受到，即使在最黑暗的时刻，只要心怀希望，就能找到前进的方向。

海伦·凯勒的经历告诉我们，生命中的低谷并不可怕，可怕的是失去面对困境的勇气和重新站起来的决心。在低谷中，我们有机会重新审视自己的内心，发现那些平时被忽略的力量与潜能；我们有机会放慢脚步，倾听内心的声音，找到真正属于自己的方向。

更重要的是，低谷往往是我们成长的催化剂。在逆境中，我们学会了坚韧不拔、自强不息；在挑战中，我们锻炼了意志品质、提升了自我认知。正如凤凰涅槃，经历过烈火的洗礼后，方能获得重生的美丽与辉煌。

屡败屡战的赢家心态

> 　　赢家的心态在于不屈从于失败，而是不断追求胜利。坚持与毅力，铸就面对失败仍笑对人生的赢家心态。

　　人生最大的光荣，不是在于永远不失败，而在于能屡仆屡起，成功的路上或许会有很多次的跌倒，但只要我们能够屡次站起，就能够迎来更大的光荣。这种在无数次失败之后依然坚持战斗、不屈不挠的精神，便是"屡败屡战"的赢家心态。它不仅是个人成长的催化剂，更是推动社会进步的重要力量。

　　1833年10月21日，阿尔佛雷德·诺贝尔出生于瑞典首都斯德哥尔摩的一个发明家家庭。尽管他只接受过一年的正规小学教育，但自幼便展现出超乎常人的勤奋与好学。他四处访求名师，足迹遍布美国与欧洲，18岁时便对科学、文学和哲学有了较深厚的造诣。这种广泛的知识背景，为他日后的发明创造奠定了坚实的基础。

　　诺贝尔的父亲老诺贝尔，是一位在炸药领域有着深厚造诣的发明家。从1852年起，诺贝尔开始在父亲的工厂里工作，逐渐在技术上崭露头角。然而，真正激发他科学热情的，是一次偶然的机会。意大利化学家索布雷罗关于硝化甘油的研究报告，如同一道闪电，照亮了诺贝尔探索未知的道路。索布雷罗发现，用硝酸和硫酸处理甘油，可以得到一种黄色的油状透明液体——硝化甘油，这种液体可因震动而爆炸。尽管当时尚未明确其具体用途，但诺贝尔深知，如果能找到一种安全引爆硝化甘油的方法，这将对军事乃至整个工业领域产生革命性的影响。

诺贝尔开始了对硝化甘油炸药的深入研究。然而，这条道路远比他想象的要艰难得多。起初，他尝试了各种方法试图引爆硝化甘油，包括加热至爆炸点或以重力冲击，但效果均不理想。面对无数次的失败，诺贝尔没有选择放弃，而是将每一次失败视为向成功迈进的一步。他深知，科学的真谛往往隐藏在无数次的尝试与错误之中。

在无数次的摸索与实践后，诺贝尔终于发现了引爆硝化甘油的原理——用少量的一般火药作为引信，可以成功引发硝化甘油的猛烈爆炸。这一发现，不仅标志着诺贝尔在炸药领域的重大突破，也为他赢得了 1864 年的雷管专利权。然而，成功的背后，是无数次实验的失败与危险，是无数次面对爆炸事故时的冷静与坚持。

然而，成功的道路从来不是一帆风顺的。1864 年 9 月 3 日，诺贝尔在斯德哥尔摩家中的实验室发生了严重的硝化甘油爆炸事故，导致 5 人死亡，其中包括他最年轻的弟弟卢得卫，父亲也身受重伤。这次事故，对诺贝尔来说，是一次沉重的打击，但他没有被悲伤击垮，反而更加坚定了改进生产工艺、确保安全生产的决心。

诺贝尔深知，要真正使硝化甘油成为可以用于工业的炸药，必须解决其生产过程中的安全隐患。他发明了用冷水管散热生产硝化甘油的冷却法，并设计了相应的机器，这一创新不仅解决了大批量生产硝化甘油的安全问题，也为后续的炸药研发奠定了坚实的基础。

尽管硝化甘油炸药的发明为诺贝尔赢得了广泛的认可，但由于当时人们对炸药的危险性十分无知，在长途运输中，各地相继发生了严重的液体硝化甘油爆炸事故，报警的信函涌向诺贝尔。面对液体硝化甘油在运输和使用中的安全隐患，诺贝尔开始了新一轮的探索。他尝试将硝化甘油与其他物质混合，以制成更加安全、稳定的固体炸药。经过无数次的试验与失败，1867 年，诺贝尔终于将多孔的硅藻土与硝化甘油混合制成了两种固体炸药——1 号和 2 号猛炸药。这种炸药虽然提高了稳定性，拓宽了其应用领域，但是炸药的威力却没有硝酸甘油炸药高。

诺贝尔继续探索。他深知，真正的完美炸药，应该同时具备硝化甘油的爆炸威力和猛炸药的安全性能。于是，他继续试验，不断尝试新的配方与工艺。经过无数次的失败后，1875 年，坚韧的腔质炸药和柔软可塑性极好的胶质炸药相继问世。这两种炸药，不仅爆炸效力高、价格适中，更重要的是，它们具有更高的稳定性和安全性，解决了硝化甘油炸药在运输和使用中的问题。因此，这类炸药迅速在多个国家广泛应用。

阿尔佛雷德·诺贝尔面对无数次的失败，从未退缩，而是将每一次失败视为通往成功的垫脚石。科学的探索之路充满未知与挑战，唯有坚持不懈，勇于尝试，才能在失败的泥泞中寻找到成功的曙光。

真正的赢家，不在于从未失败，而在于面对失败时的态度与行动。他们敢于直面挫折，勇于接受挑战，从不因一时的失败而否定自己，更不会因外界的质疑而放弃梦想。正是这份不屈不挠的精神，让诺贝尔在科学的征途中越走越远，最终成就了一番伟业。

在人生的旅途中，我们每个人都会遇到各种各样的挑战与失败。但只要我们能够像诺贝尔那样，保持一颗坚韧不拔的心，勇于面对失败，坚持不懈地追求梦想，那么，无论前方的道路多么崎岖，我们都能够走出一条属于自己的成功之路。因为，真正的赢家从不畏惧失败，而是在失败中汲取力量，不断前行，直至胜利。

第七章
运势的掌控与利用

　　运势如流水，看似无常，实则暗含规律。洞察运势的本质，化被动为主动，掌控自己的人生轨迹。无论是面对怎样的烂摊子，都能以智慧为刃，将其转化为宝贵的资源。逆转乾坤，点石成金，不仅是对外界环境的改变，更是内心力量的觉醒。在绝境中寻找生机，从无到有创造奇迹，这便是运势掌控者的至高境界。

洞察本质，见微知著

深入洞察，细致分析，方能把握运势的脉搏，预见未来。

人生路漫漫，每个人的运势都不尽相同。有时，我们仿佛乘风破浪，一帆风顺；而有时，却又如逆水行舟，困难重重。然而，真正的智慧并非在于预测或依赖运势，而是在于如何洞察其本质，见微知著，从而掌控与利用它。

鲁迅，这位中国现代文学的奠基人，他的一生便是这种智慧的生动体现。在文学创作上，鲁迅更是倾注了全部的心血。他夜以继日地写作，即便是在身体极度虚弱的情况下，也从未放弃过手中的笔。他的作品，字字珠玑，句句深刻，每一篇都凝聚了他对社会、对人生的深刻思考。这种不懈奋斗的精神，不仅激励了他自己，也激励了无数后来者，成为他们前行路上的灯塔。

鲁迅的一生，是奋斗不息的一生。早年留学日本，他原本选择的是医学，希望通过医学来拯救国人的肉体。然而，在仙台观看日俄战争教育片时，他看到国人围观同胞被杀的麻木神情，深受震撼，意识到比肉体上的疾病更可怕的是精神上的愚昧与麻木。

这种对时代脉搏的精准把握，正是鲁迅深刻洞察力的体现。他明白，要改变国家的命运，首先得唤醒民众的意识，让他们从麻木不仁中觉醒，共同抵抗压迫，追求光明。于是，他毅然弃医从文，拿起笔杆决心用文字来唤醒国人的灵魂，成为一名"文化的战士"。这一转变，不仅是个人理想的调整，更是对国家命运深刻反思后的勇敢担当。

鲁迅的作品，无论是小说、散文还是杂文，都充满了对社会现象的敏锐观察和深刻剖析。他擅长从日常生活的细微之处入手，揭示出隐藏在背后的深刻社会问题。比如，《狂人日记》中那个看似疯癫实则清醒的狂人，通过其独特的视角，揭露了封建礼教"吃人"的本质。《阿Q正传》则通过阿Q这一典型形象，批判了精神胜利法的荒谬与悲哀。《祝福》中的祥林嫂，在封建社会的压迫下，一步步走向了悲剧的深渊，鲁迅通过这一形象深刻地揭示了封建社会的残酷和不公。在《孔乙己》中，通过孔乙己的形象，展示了封建文人面对社会巨变时的无奈和困境。他在《文化偏至论》中提出"文化是人类生活的反映"，这一观点显示了他对文化的深刻理解和独特见解。他对传统文化的批判和反思表现了他对文化传承和创新的高度关注。鲁迅的见微知著，不仅在于他能够捕捉到社会现象的细枝末节，更在于他能够穿透表象，直指问题的核心，这种批判精神，是他作为文学家和思想家的重要特质。

鲁迅的一生，充满了坎坷与磨难。从家庭变故到个人生活的种种不幸，再到政治环境的恶劣与迫害，他始终没有被这些逆境击垮。相反，他将这些逆境视为磨砺自己意志、提升自己能力的契机。他深知，在逆境中更能看清人性的光辉与阴暗，更能激发创作的灵感与激情。因此，他以一种超然的态度面对一切困难与挑战，用自己的方式掌控着属于自己的"运势"。

他利用自己的影响力，积极投身新文化运动，与战友们一起，为推翻封建专制、建立民主共和的理想而奋斗。他用自己的笔，为青年们指明方向，鼓励他们勇于追求真理、敢于面对现实。他的每一篇文章、每一次演讲，都像是一把锋利的手术刀，切割着旧社会的毒瘤，为新社会的诞生铺平道路。

鲁迅的作品，不仅是对文学艺术的深邃探索，更是对时代命运与个人运势深刻洞察与不屈抗争的生动写照。鲁迅的作品教会我们如何在逆境中洞察本质，见微知著，进而掌控并合理利用自己的"运势"。

无论时代如何变迁，无论个人遭遇多少磨难，只要我们能够洞察时代的本质，勇于担当起自己的责任；只要我们能够见微知著，保持批判的精神；只要我们能够不懈奋斗，将逆境转化为前进的动力，那么，我们就能够掌控自己的命运，实现自己的价值。

烂摊子也能变成宝

生活的长河中，我们时常会遇到看似杂乱无章、难以收拾的"烂摊子"。但正是这些挑战与困境，蕴藏着转变与重生的无限可能。

20世纪80年代的中国经济正处于改革开放的初期，机遇与挑战并存。在青岛的一角，有一家濒临倒闭的电冰箱厂。厂房破旧，生产线杂乱无章，员工无所事事，产品质量更是惨不忍睹。这家工厂就是后来的海尔集团，而彼时它仅仅是一个看似无可救药的"烂摊子"。然而，一个人，一个决定，改变了它的命运，也为中国企业的崛起写下了浓墨重彩的一笔。

这个人就是张瑞敏。1984年，年仅35岁的张瑞敏临危受命，担任这家濒临破产工厂的厂长。当时的这家工厂不只是一家亏损的企业，更是一个没有明确方向的"烂摊子"。设备陈旧，工人缺乏责任心，产品缺乏竞争力，市场对它几乎没有任何信任。外人都认为，这家企业已经没有救了。然而，张瑞敏用实际行动证明了，这样的"烂摊子"也能变成"宝"。

张瑞敏的第一步是重建规则。他深知，如果没有严格的管理和清晰的制度，任何改变都无从谈起。他制定了 13 条规定，从禁止随地大小便开始，开始了海尔的现代管理之路。1985 年，张瑞敏收到顾客的来信，信中反映冰箱质量差，于是张瑞敏做了一件震惊全厂的大事：在全体员工面前砸毁了 76 台不合格的冰箱。这些冰箱是工人们辛辛苦苦生产出来的，销毁它们意味着巨大的经济损失，但张瑞敏毫不犹豫地这么做了。他明确地告诉所有人："我要是允许把这 76 台冰箱卖了，就等于允许你们明天再生产 760 台这样的冰箱。"这一举动不仅让全厂员工深刻体会到质量的重要性，更为企业注入了一种全新的责任意识。

这一事件成为海尔质量文化的起点。从那以后，张瑞敏推行了严格的质量管理制度。他不仅从制度上约束员工，更通过榜样的力量带动大家。他强调工人对产品的责任感，提出"为用户服务"的理念，鼓励员工把用户的需求放在第一位。从生产线到管理层，每个人都开始以全新的态度面对工作。张瑞敏的变革让这家工厂逐渐摆脱了混乱无序的状态，开始迈向规范化管理。

为了提升产品竞争力，张瑞敏积极引进先进技术。他不满足于生产低端冰箱，而是希望将工厂转型为一家国际化的电器企业。他从德国引进了高质量的生产线，并邀请国外专家来指导生产。在产品开发方面，他鼓励员工创新，不断研发新产品来满足市场需求。这种与时俱进的精神，为海尔赢得了消费者的信任，也为企业奠定了长远发展的基础。

　　与此同时，张瑞敏着眼于企业文化的建设。他提出了"人单合一"的管理理念，赋予每一位员工明确的责任目标，让他们在企业中找到自身价值。这种以人为本的管理方式，让每一名员工都能感受到自己的重要性，进而激发出强大的凝聚力和创造力。曾经一盘散沙的员工队伍，逐渐变成了一个充满活力和战斗力的团队。

　　在张瑞敏的领导下，海尔的业绩不断提升，逐步从一个地方性小厂成长为全国知名的家电品牌。然而，张瑞敏并未止步于此。随着市场竞争的加剧，他意识到企业必须走出国门，才能在国际舞台上赢得一席之地。1989年，海尔开始走出国门，尝试打入国际市场。从德国到美国，从东南亚到非洲，海尔的产品逐渐成为全球消费者的选择。如今，海尔已经跻身世界500强，成为中国企业走向国际化的典范。

　　海尔的崛起背后，是张瑞敏对卓越的执着追求。他从不逃避问题，而是以积极的态度面对挑战。他用科学的管理方法和坚定的执行力，将一个濒临破产的烂摊子，打造成了一个享誉世界的品牌。他的故事告诉我们，任何一个企业，无论多么落后，无论起点多么低，只要方向正确，管理得当，都有机会焕发新的生机。

　　张瑞敏的成功不仅对企业界具有启示意义，对我们每个人的人生也有深刻的借鉴价值。生活中，我们常常会遇到各种各样的"烂摊子"，可能是工作中的难题，可能是生活中的困境，甚至是我们自身的不足。然而，无论问题多么复杂，只要我们拥有张瑞敏那样的信念和毅力，积极寻找解决办法，就一定能找到突破口。

今天的海尔，早已不是当年的青岛电冰箱厂，而张瑞敏的管理哲学也超越了海尔本身，成为全球企业管理者学习的对象。海尔的故事证明了，即使是最不起眼的"烂摊子"，只要有人愿意接手并付诸努力，就有可能焕发出光彩。这不仅是一家企业的传奇，更是一个关于坚持、信念与奋斗的励志故事。

在这个瞬息万变的时代，我们每个人或许都会面临看似无法解决的难题。无论多么困难，只要有勇气面对，并付出行动，就一定能把"烂摊子"变成"宝"。正如海尔的崛起一样，我们的人生也可以通过努力实现真正的逆袭。

逆转乾坤，点石成金

以非凡的洞察力与行动力，改写命运，逆转形势便能创造奇迹。

在现代社会，成功的定义已经不再局限于传统意义上的财富积累或职位升迁，更多地转向了创新、突破和逆转命运的能力。

真正的成就往往是在逆境中孕育而生，成功不再是偶然，而是智慧、勇气与坚持的结果。

在这方面，张朝阳和潘从明无疑是两个杰出的例证，他们用自己的经历证明了任何看似不可能实现的目标，只要有坚定的信念与不懈的努力，便能逆转乾坤，实现梦想。

搜狐的创始人——张朝阳，是中国互联网发展的先行者之一。他于1995年创立搜狐，正值中国互联网的萌芽时期，市场尚未成熟，用户基础薄弱，投资者对这个新兴行业充满猜疑。然而，张朝阳却洞察到了互联网的巨大潜力，他立志要打破传统媒体的局限，将信息传播的方式推向更高的层次。张朝阳的创业之路并非一帆风顺，他曾经历过多次挫折，包括资金短缺和团队组建的困难，但是他从未放弃。反而，他在每次挑战中吸取教训，逐步调整自己的战略。

在当时，大多数人对互联网的认识还停留在表面，许多人认为这只是昙花一现。然而，张朝阳通过推动搜狐的发展，逐渐改变了公众的看法。他的坚持与努力促成了搜狐在1999年成功上市，成为中国第一家在纳斯达克上市的互联网公司，这标志着中国互联网行业的崛起。张朝阳通过搜狐的平台，提供了丰富的新闻、娱乐及社交内容，彻底改变了人们获取信息的方式，真正做到了点石成金，从一个不起眼的创业者，发展成了行业的领军人物。

在科技创新领域，我们也能发现"点石成金"的人。潘从明曾经是贵金属生产线上的一名"小学徒"，他面对的不仅是技术的浩瀚海洋，更有周围人"这行业难出头"的偏见。然而，正是这样的环境，激发了他内心深处对技艺的渴望与对梦想的执着。他深知，真正的困境不在于外界的条件如何恶劣，而在于自己是否愿意从泥泞中站起，将挑战视为成长的契机。

"工欲善其事，必先利其器。"潘从明深知，要在贵金属提炼这一精细领域中脱颖而出，唯有不断精进技艺，方能有所成就。他沉下心来，日复一日地钻研，从最基本的操作流程到复杂的技术难题，每一个细节都不放过。正是这种对技艺的极致追求，让他练就了"点石成金"的绝技，能够在万分之一的精准度下，从铜镍冶炼的"废渣"中提炼出珍稀的贵金属。这一过程，不仅仅是技术上的突破，更是对"废渣"进行重塑，将其转化为宝贵资源的生动实践。

潘从明的创新之路，并未止步于技艺的提升。他敏锐地观察到传统检测方法在效率与准确性上的不足，于是大胆尝试，独创了"颜色判断法"。这一方法，不仅极大地提高了产品纯度的检测效率，更是将工匠的智慧与经验凝练成可复制、可推广的宝贵财富。中央电视台新闻联播的《大国工匠》栏目对他的这一创新给予了高度评价，并向全国同行推广，这不仅是对他个人能力的认可，更是对他勇于创新、敢于突破精神的颂扬。潘从明用自己的行动证明，即便是在最不起眼的领域，也能通过智慧与创新，创造出令人瞩目的成就。

潘从明的贡献远不止于此。他主创的"镍阳极泥中铂钯锇铱绿色高效提取技术",不仅解决了贵金属资源综合利用的技术难题,还实现了经济效益与环境效益的双赢。这一技术的成功应用,填补了国内外多项技术空白,为我国贵金属产业的发展注入了强劲动力。因此,他荣获了国家科学技术进步二等奖,成为西北地区首位获此殊荣的一线产业工人。这一荣誉,不仅是对他个人努力的肯定,更是对他"科技报国"初心的最好诠释。潘从明用自己的故事告诉我们,无论出身如何,只要有梦想、有追求、有坚持,就能在最平凡的岗位上,书写出不平凡的篇章。

即使是最不起眼的"废渣",也能通过科技的力量,转化为宝贵的资源;即使是最平凡的岗位,也能通过不懈的努力与创新,创造出非凡的价值。"逆转乾坤,点石成金"并非易事,它需要我们有足够的智慧和勇气去面对挑战、把握机遇。然而,只要我们具备了上述品质并付诸实践,就有可能创造出属于自己的奇迹。无论是张朝阳在互联网领域的成功还是潘从明在科技上的创新都告诉我们:只要我们敢于梦想、勇于追求并付出足够的努力,就有可能将手中的"石头"变成闪闪发光的"金子"。

烂泥扶不上墙，那就把泥变成砖

从微小的处境中提炼出价值，在逆境中求变。化腐朽为神奇，展现惊人的创造力与改造力。

在人生的旅途中，每个人或许都会遭遇被外界视为"烂泥"的境地——或是职业发展的瓶颈，或是个人能力的质疑，甚至是生活环境的艰苦。这些看似难以逾越的障碍，往往成为考验一个人意志与决心的试金石。面对生活的泥泞与挑战，总有人选择不屈，用行动诠释着"烂泥扶不上墙，那就把泥变成砖"的坚韧与智慧。

在电影领域，史蒂文·斯皮尔伯格的名字如雷贯耳。他的人生经历过一段将"烂泥扶不上墙"的质疑转化为"把泥变成砖"的辉煌的传奇旅程。斯皮尔伯格以其非凡的创造力、敏锐的洞察力以及对电影艺术的无限热爱，一次次地从低预算或不被看好的项目中，挖掘出其中深藏的潜力，创造出令人瞩目的票房奇迹与艺术瑰宝。

我们知晓电影项目的诞生往往伴随着未知与挑战。对于斯皮尔伯格而言，这些挑战非但没有成为阻碍，反而成为他激发潜能、突破自我的催化剂。《大白鲨》的诞生便是一个典型的例子。这部于

1975 年上映的惊悚片，起初并不被业界看好。一方面，当时的电影市场尚未充分认识到科幻惊悚片的潜力；另一方面，影片的制作过程也充满了艰辛与波折。机械鲨鱼频繁出现故障，导致拍摄进度严重受阻，预算超支，剧组士气低落。然而，正是这些看似无法逾越的障碍，激发了史蒂文·斯皮尔伯格内心深处的创造力与韧性。

斯皮尔伯格没有被困难击垮，反而选择迎难而上。他巧妙地运用镜头语言、音效设计和剪辑技巧，将观众的注意力从鲨鱼本身转移到其带来的紧张氛围上。通过精心构建的叙事结构和节奏感，他成功地营造出了一种无形的恐惧感，让观众仿佛置身于那片危机四伏的海域之中。《大白鲨》上映后，迅速风靡全球，不仅票房大卖，还赢得了广泛的好评，成为电影史上的一座里程碑。这部电影的成功，正是斯皮尔伯格将"烂泥"转化为"砖"的生动体现——即使面对重重困难，他也能凭借自己的才华与努力，创造出令人惊叹的作品。

如果说《大白鲨》是斯皮尔伯格在逆境中崛起的标志，那么《E.T. 外星人》则是他创新与坚持精神的又一力证。这部 1982 年上映的科幻温情片，讲述了一个外星生命与地球小男孩之间的友谊。电影以其独特的视角和深刻的情感触动了无数观众的心弦。然而，在影片筹备初期，它也面临着诸多挑战。当时，科幻电影市场已经趋于饱和，观众对于这类题材的期待值逐渐降低。影片的预算虽然相比《大白鲨》有所增加，但仍需精打细算才能确保拍摄顺利进行。

面对这些挑战，斯皮尔伯格没有选择妥协或放弃，而是坚持自己的创作理念，不断创新与尝试。他巧妙地融合了科幻与家庭元素，创造出了一个既充满想象力又贴近生活的故事世界。在视觉效果上，他采用了当时最先进的特效技术，使外星生物E.T.的形象栩栩如生，成为影史上的一个经典形象。同时，他还注重情感表达，通过细腻的表演和深情的配乐，让观众与角色之间建立了深厚的情感联系。《E.T.外星人》上映后，不仅取得了巨大的商业成功，还赢得了广泛的赞誉和奖项肯定，成为电影史上不可多得的经典之作。

斯皮尔伯格用自己的行动证明了即便是不被看好的电影项目，只要保持坚定的信念、勇于创新、坚持不懈，就一定能够使人摆脱"烂泥"的看法，进而通过努力转化为"砖"。这种精神不仅体现在他的电影作品中，更深刻地影响了无数电影人和观众。

逆境是成长的催化剂。"宝剑锋从磨砺出，梅花香自苦寒来。"逆境能磨砺人的意志。当我们身处逆境时，面临着重重困难与挑战，每一次的挣扎与拼搏都是对意志的锤炼。

逆境能让人学会珍惜与感恩。当我们经历了逆境的洗礼，才会更加珍惜来之不易的成功和幸福。同时，也会对那些在逆境中给予我们帮助的人充满感恩之情。在困境中，哪怕是一句鼓励的话语、一个温暖的眼神，都可能成为我们前进的动力。这种珍惜与感恩会让我们的心灵更加富足，也会让我们在成长的道路上走得更加坚定。

在挑战与困难面前，我们应学习斯皮尔伯格，不应选择逃避或放弃,而应勇敢地面对它们,从中汲取力量与智慧,这正是改变运势的法宝。正是这些看似无法逾越的障碍,激发了我们内心深处的潜能与创造力,让我们在逆境中不断成长与蜕变。

逆势翻盘的神操作

在逆境中展现非凡智慧,实现惊人逆转。逆袭不仅需要运气,也需要合理的规划与强大的执行力。

在时代的洪流中,总有一些人能够以非凡的勇气和智慧,逆流而上,实现逆势翻盘。罗永浩,这位曾经站在科技创业浪潮之巅,又历经低谷,最终凭借坚韧不拔的精神重新站起来的创业者,便是这样一个鲜活的例证。他的故事,不仅是一段个人奋斗的传奇,更是对"逆境中成长,挑战中翻盘"这一道理的展现。

人生之路,从不是一帆风顺的康庄大道,而是布满了荆棘与坎坷的崎岖小径。罗永浩的创业之旅,便是对这一道理的最佳注解。1972年出生于吉林和龙的罗永浩,早年的求学经历并不顺利,因直言不讳的性格与学校和制度格格不入,最终选择辍学。然而,这并未成为他人生路上的终点，反而成为他独立探索、积累经验的起点。从工地搬砖到摆地摊，再到倒卖中草药、走私汽车，罗永浩在社会的大熔炉中摸爬滚打，练就了一身坚韧不拔的意志和敏锐的洞察力。

在历经社会的种种磨砺后，罗永浩并没有沉沦，而是更加坚定了自己内心的梦想。他深知，唯有知识才能改变命运。于是，他疯狂地学习英语，考上了新东方培训教师岗位，成为一名备受欢迎的英语老师。这段经历，不仅让罗永浩实现了经济上的独立，更重要的是，他找到了属于自己的舞台，并在这个舞台上展现了自己的才华与魅力。

然而，罗永浩的梦想远不止于此。2012年，他宣布进军智能手机领域，创立了锤子科技。在那个智能手机市场已被几大巨头瓜分的时代，罗永浩和他的锤子科技无疑是"后来者"。但他们凭借着对设计的极致追求和对用户体验的深刻理解，迅速在市场上崭露头角。锤子手机的问世，不仅为消费者带来了全新的使用体验，更在一定程度上推动了国产手机的发展。好景不长，随着市场竞争的加剧和资金链的断裂，锤子科技逐渐陷入了困境。面对前所未有的债务危机，罗永浩没有选择逃避或放弃，而是勇敢地承担起了责任。他深知，逃避无法解决问题，唯有面对并克服挑战，才能实现真正的翻盘。于是，他开始了自己的还债之路，而直播带货，成为他在这场战役中的有力武器。

2020 年，罗永浩正式踏入直播带货领域。他的首场直播便吸引了超过 4800 万人次的观看，支付交易总额超过 1.1 亿元。这一成绩，不仅是对罗永浩个人魅力的认可，更是对他坚韧不拔精神的肯定。在直播间里，罗永浩不再是那个挥斥方遒的创业者，而是一位真诚、幽默、接地气的带货主播。他用自己的亲身经历和真诚态度，赢得了消费者的信任和支持。

罗永浩的直播带货之路并非一帆风顺。他深知，要想在竞争激烈的市场中脱颖而出，就必须不断创新、不断提升自己的专业素养。于是，他不断学习、不断尝试，将自己的专业知识和市场洞察力融入直播带货中。他精心挑选商品、严格把控质量、真诚推荐好物，逐渐建立起了自己的品牌形象和粉丝基础。

在这个过程中，罗永浩展现出了他作为企业家的敏锐洞察力和市场适应能力。他能够迅速把握市场趋势，将个人影响力转化为经济价值；他能够灵活运用各种营销策略和手段，不断提升自己的带货效率和转化率。这些努力和智慧的付出最终换来了丰硕的成果——他不仅成功还清了巨额债务，还为自己的未来铺设了更加宽广的道路。

逆境并不可怕，可怕的是失去面对逆境的勇气和决心。在人生的道路上我们总会遇到各种各样的挑战和困难，但只要我们保持坚定的信念、勇于创新、坚持不懈，就一定能够战胜困难，实现自己的梦想。同时，罗永浩的故事也提醒我们要珍惜每一次失败和挫折的经历，因为它们是我们成长和进步的宝贵财富。

　　罗永浩的逆势翻盘之路是一段充满传奇色彩的旅程。不仅让我们看到了一个普通人如何通过不懈努力实现自己梦想的过程，更让我们深刻理解了逆境中成长、挑战中翻盘的深刻道理。

第八章
命运之轮的转动

命运之轮不停转动，谁将成为它的主宰？我们无法控制它的方向，但可以掌握自己的行动。掌握方向与节奏，才能在这场变革中占据主动。

风水轮流转，命运谁说了算

风水轮流转。命运掌握在自己手中，勇敢成为自己的主宰。

俗话讲："风水轮流转。"十年河东，十年河西之理也。既然风水轮流转，命运谁说了算？这一问题，自古以来便萦绕在无数人的心头，成为探索生命意义与价值的永恒课题。

董宇辉，一个在短短几年内经历了无数转折的名字，成为当下社会备受瞩目的网络红人。从一个默默无闻的英语老师，到东方甄选的明星主播，再到创办与辉同行的创业者，董宇辉的命运发生了巨大的转折。

1993 年，董宇辉出生于陕西省渭南市潼关县一个普通的家庭，但就是这样普通的家庭却孕育了不平凡的灵魂。2015 年，董宇辉从西安外国语大学旅游英语专业毕业，随即加入了西安新东方，开始了他的教师生涯。他凭借扎实的专业功底和幽默风趣的教学风格，迅速崭露头角，成为当时最年轻的英语教研主管。然而，命运似乎总爱与人开玩笑，正当他在教育的道路上稳步前行时，国家"双减"政策的出台，使得新东方不得不转型，董宇辉也被推到了新的十字路口。

2021 年，新东方开始艰难地向农产品直播带货转型。这一转型不仅是对公司的挑战，更是对每一位员工的考验。董宇辉，这位曾经的英语老师，如今却要站在镜头前，推销农产品。这对他而言，无疑是一次巨大的心理挑战。在转型初期，直播间门可罗雀，经营惨淡，再加上背负房贷和房租的双重压力，董宇辉曾几度心生退意。然而，董宇辉并没有放弃，而是开始尝试不同的直播方式。他不再仅仅推销商品，而是结合文学、艺术和哲学等内容，用幽默和智慧吸引观众。这种独特的直播风格让他的直播间逐渐有了更多的人气。2022 年 6 月，董宇辉凭借双语直播和独特的文化魅力，意外走红网络，成为东方甄选的明星主播。

然而，成功并非一蹴而就，董宇辉的成名之路也并非一帆风顺。在东方甄选的日子里，他经历了多次风波，其中最著名的莫过于"玉米事件"和"泼水事件"。在"玉米事件"中，董宇辉被指责牟取暴利，面对网红辛巴的恶意攻击，他冷静应对，用事实和数据回应质疑，最终赢得了公众的信任。而在"泼水事件"中，董宇辉在青岛直播时，被一女子泼水三次，但他却保持了高度的涵养，继续与粉丝互动，这一举动赢得了无数网友的点赞。

然而，真正让董宇辉开始思考独立发展的，是 2023 年 12 月的"小作文风波"。在这场风波中，东方甄选小编的言论引发了粉丝对董宇辉的质疑，使得他陷入了舆论的旋涡。虽然最终俞敏洪出面道歉，并提升了董宇辉的职务，但这场风波却仍然不止，外界舆论猜测各种各样。俞敏洪表示，董宇辉将成立独立工作室，开展文旅等业务，新成立的工作室由东方甄选百分百控股，账号由董宇辉担任主播。之后，董宇辉开始在"与辉同行"账号直播。至此，东方甄选的危机暂停。

董宇辉凭借自己渊博的学识、谦逊的态度、真诚的解说、独特的带货方式迅速为"与辉同行"账号吸引了大量粉丝，首场直播就创造了超过亿元的销售额。他始终保持乐观与拼搏，积极参与创业圈和文化圈的活动，结识了许多行业内的精英。他的真诚和执着，使得"与辉同行"逐渐获得了社会的认可和支持。

2024 年 1 月，董宇辉的抖音账号"与辉同行"迎来了一周年纪念日。在这一年里，他以其独特的直播风格和超强的带货能力，累计直播 621 场，销售超过 1.5 亿单产品，直播带货总额近百亿元，这样的成绩不仅让董宇辉自己惊讶，也让整个电商直播圈为之震撼。2024 年 7 月 25 日，东方甄选发布公告，经友好协商，董宇辉决定离开东方甄选。东方甄选将"与辉同行"全部股权出售给董宇辉，自此，"与辉同行"从东方甄选剥离出来独立运营。

"与辉同行"独立出来后，董宇辉终于有机会尽情施展自己的想法。他在继承东方甄选时期的嘉宾访谈、文旅直播等内容形式的同时，逐渐形成了"阅山河""破万卷""好读书""爱生活"四大 IP 内容栏目，涵盖了文旅直播、读书栏目、嘉宾访谈、直播带货等板块。据抖音数据工具统计，2024年1月9日至2025年1月8日，"与辉同行"累计带货超102亿。

然而，成功背后，董宇辉也付出了巨大的努力。他不仅要面对市场的竞争，还要应对各种质疑和争议。在一次直播中，董宇辉在科普居里夫人的事迹时，出现了三处事实性错误，这再次引发了网友对其"文化人"人设的质疑。而近期，他还接连遭到知名打假人王海的"打假"，质疑其直播间售卖的产品存在问题。这些争议和质疑无疑给董宇辉的独立发展之路带来了不小的挑战。

然而，董宇辉并未被这些困难所击倒。他深知，成功的人不是从未被击倒过，而是在被击倒后，仍然能积极思考并重新站起来的人。面对争议和质疑，他选择了坦诚面对，积极回应，用实际行动证明自己的实力和价值。同时，他也更加注重自我提升和学习，努力提高自己的专业素养和品牌形象。在他的带领下，"与辉同行"逐渐形成独特的企业文化和核心竞争力。

如今，"与辉同行"已经发展成为一家涵盖旅游开发、创业投资等多个领域的综合性企业。董宇辉实现了从"打工者"到"老板"的华丽转身，不得不令人感慨命运的眷顾。由此可知，命运并非一成不变，而是可以通过自己的努力和奋斗来改变的。只要我们保持积极向上的心态和坚韧不拔的毅力，风水轮流转，下一个被命运眷顾的说不定就是你自己呢！

掌控命运的方向

．

> 命运的舵盘在自己手中，逆风而行，不过是时间问题。须明确目标，坚定信念，引领命运之轮向梦想前进。

人世间，总有一些人以其非凡的毅力和不懈的努力，牢牢控制着自己的航向。华罗庚，中国现代数学之父，便是一位令人敬仰的杰出人物。他的一生充满了坎坷和挑战，但他凭借着坚韧不拔的毅力和对数学的无限热爱，牢牢掌控住了自己的命运，最终克服了重重困难，成为享誉世界的数学家。

1910 年 11 月 12 日，华罗庚出生于江苏金坛，自幼便展现出对数学浓厚的兴趣。在那个闭塞的小县城里，他常常因为沉浸在数学的世界中而被同伴们戏称为"罗呆子"。然而，正是这份对数学的痴迷，为他的未来奠定了坚实的基础。尽管家境贫寒，华罗庚从未放弃对知识的追求。上小学时，他便能以与众不同的方法解题，令老师和同学赞叹不已。在初中数学课上，他的才华更是得到了王维克老师的赏识，这更加坚定了他走数学研究之路的决心。

然而，命运似乎并不眷顾这位未来的数学巨匠。1925年，中学毕业后，由于家庭经济困难，华罗庚不得不放弃学业，回到家乡的小杂货铺帮忙。然而，生活的艰辛并未磨灭他对数学的热爱。在繁忙的工作之余，他依然坚持自学数学，常常学到半夜，每天学习达10个小时以上。这种对知识的渴望和执着，让他仅用五年时间就完成了高中和大学初年级的数学课程。

然而，命运似乎并不满足于给他设置这些障碍。1928年，华罗庚不幸染上伤寒病，落下终身的左腿残疾。这对他来说，无疑是沉重的打击。然而，华罗庚并没有被挫折打倒，他誓言"我要用健全的头脑，代替不健全的双腿"。在贫病交加中，他依然没有放弃数学研究，拄着拐杖一颠一颠地干活，晚上在昏暗的油灯下继续学习。1930年，华罗庚在《科学》杂志上发表了一篇关于数学的论文《苏家驹之代数的五次方程式解法不能成立之理由》，轰动了全国数学界。不仅标志着他正式踏入数学研究领域，更为他日后的学术道路铺平了道路。

华罗庚的坚韧不拔和顽强精神，让他在艰难的处境下接连发表了好几篇重要的论文，极大地鼓舞了自己继续研究数学的信心。他的才华和努力，终于引起了清华大学数学系主任熊庆来的关注。熊庆来破格将他调入清华大学，担任助理员。在清华，华罗庚利用业余时间自学了多门外语，并发表了多篇高质量的数学论文。这些成就，不仅证明了他的数学天赋，更展现了他不屈不挠的精神。

1936 年，华罗庚获得中华文化教育基金的资助，前往英国剑桥大学深造。在剑桥期间，他放弃了攻读博士学位的机会，选择以访问学者的身份自由学习多门学科。这段留学经历，让他拓宽了学术视野，也接触到了更前沿的研究领域。他在剑桥的两年内至少发表了 15 篇高水平论文，其中关于高斯的论文得到了国际数学界的广泛认可。然而，正当他在学术道路上高歌猛进时，抗日战争的爆发打断了他的求学之路。1938 年，华罗庚毅然放弃在剑桥的优厚待遇，回国担任西南联合大学教授。在极其艰苦的条件下，他白天教学，晚上继续从事数学研究。他的这种爱国情怀和奉献精神，让人深感敬佩。1948 年，华罗庚被美国伊利诺依大学聘为正教授，两年聘期。1949 年，中华人民共和国成立后不久，华罗庚毅然决然放弃美国优厚待遇，要回来报效祖国。1950 年 2 月，华罗庚从美国回到中国。

华罗庚回国后，将自己的全部精力投入数学研究和国家建设中。他发明了统筹法和优选法，这两种方法在工农业生产中普遍应用，能够提高工作效率，改变工作管理面貌，解决生产生活中的诸多实际问题。他亲自带领中国科技大学师生到一些企业工厂推广和应用"双法"，足迹遍及全国 20 多个省份，为国家作出了很大贡献。他的这些成就，不仅证明了他在数学领域的卓越才华，更展现了他作为一名科学家的社会责任感和爱国情怀。

　　华罗庚的故事告诉我们：真正的成功，不在于出身和条件，而在于我们是否拥有对梦想的执着追求和对知识的无限热爱。只要我们勇敢地面对挑战、坚定地追求梦想，就一定能够掌控自己的命运，走向成功。

好运是这样炼成的

　　好运藏在你的实力里，也藏在你不为人知的努力里。你越努力，就越幸运。

　　每个人都希望好运降临。然而，好运并非凭空而来，它往往是汗水与坚持的结晶，是无数次跌倒后依然选择站起的勇气。全红婵，这位年仅十几岁便已在世界跳水舞台上大放异彩的少女，用她的故事向我们诠释了"好运是这样炼成的"。

　　2007 年，全红婵出生于广东省湛江市麻章区的一个普通农民家庭。2014 年是全红婵命运的转折点。这一年，年仅 7 岁的她在学校的操场上玩跳格子游戏时，被湛江市体育运动学校的教练陈华明发掘。教练看中了她出色的身体条件和惊人的弹跳力，决定将她带入跳水的世界。对于全红婵来说，这既是机遇，也是挑战。

她离开了熟悉的家乡，开始了在体校的生活。每天清晨，当天边刚泛起鱼肚白，全红婵就已经开始了基础体能训练；傍晚时分，当其他孩子已经享受晚餐，她还在跳水台上反复练习着每一个动作。

在体校的日子里，全红婵经历了无数次的失败与挫折。跳水是一项对技术要求极高的运动，每一个细微的动作都需要无数次的重复和打磨。全红婵深知这一点，因此她从不轻言放弃。每当遇到困难和挑战，她总是咬紧牙关，默默坚持。她的教练们对她的评价极高，认为她不仅天赋出众，更有着超乎常人的毅力和决心。正是这份坚韧不拔的精神，让她在训练中不断进步，逐渐崭露头角。

2018 年，全红婵被输送到广东省跳水队，开始了更高层次的训练。在这里，她遇到了更多的优秀队友和更严格的教练团队。面对更加激烈的竞争和更高的训练要求，全红婵没有退缩，反而更加努力地投入训练。她的付出得到了回报，在接下来的几年里，她在国内外的各项比赛中屡获佳绩，逐渐成为中国跳水队的一颗新星。

2021 年，是全红婵职业生涯的巅峰之年。在东京奥运会上，她以完美的表现赢得了女子 10 米跳台跳水金牌，并创造了新的世界纪录。那一刻，全世界的目光都聚焦在了这位年仅 14 岁的少女身上。她的成功不仅为中国队赢得了荣誉，更激励了无数青少年勇敢追求自己的梦想。2024年2月，全红婵获得2024年世界游泳锦标赛女子10米跳台冠军；2024年6月，全红婵搭档陈芋汐获得世界杯总决赛女双10米跳台冠军，帮助中国队实现世界杯该项目六连冠；2024年7月31日、8月6日，分别获得巴黎奥运会跳水女子双人10米跳台金牌、跳水女子10米跳台金牌，成为中国奥运历史上最年轻的三金得主。

然而，荣耀的背后是无数次的跌倒与爬起。在备战奥运会的过程中，全红婵也经历了许多不为人知的艰辛与磨难。她曾因为高强度的训练而受伤，也曾因为心理压力过大而失眠。但无论遇到多大的困难，她都没有放弃过自己的梦想和追求。正是这份对梦想的执着和坚持，让她最终站在了世界之巅。

同时，全红婵也用自己的行动诠释了感恩与回馈的重要性。她积极参与公益活动，用自己的影响力去帮助那些需要帮助的人。她回到母校广州体育职业技术学院，为学弟学妹们分享自己的成长经历和心路历程；她走进校园，为孩子们种下冠军树，播下冠军种子；她还多次作为颁奖嘉宾出席各类比赛活动，用自己的实际行动去激励更多的人勇敢追梦。

好运并非凭空而来，全红婵用自己的经历告诉我们：好运是这样炼成的——它需要我们用汗水去浇灌、用泪水去洗礼、用坚持去铸就、用感恩去传递。只有这样，我们才能在人生的道路上不断前行、不断超越。

人生没有白费的路

世间道路千万条，无有白费之功，步步皆学问，行行出状元。

每个人的生命轨迹都是独一无二的，它们或蜿蜒曲折，或直线向前，但无一不证明着一个朴素的真理：人生没有白费的路。每一步前行，无论是风和日丽还是风雨交加，都在无形中塑造着我们的灵魂，拓宽了我们的视野。

明代地理学家徐霞客是践行"人生没有白费的路"这一哲理的翘楚。他生于明朝末年，在一个科举制度盛行、文人墨客多以仕途为终极追求的时代，徐霞客却选择了一条截然不同的道路——游历四方，记录山川。他的选择，在当时看来或许是不合时宜，甚至是"不务正业"，但正是这份对未知世界无尽的好奇与向往，让他成为地理学家、旅行家和文学家。

徐霞客的一生，几乎都在路上。从 21 岁起，他便开始了长达三十余年的旅行生涯，足迹遍布大半个中国，北至燕赵，南至云贵，西至川藏，东至东海之滨。他不同于一般的游山玩水，而是带着严谨的科学态度，对所见所闻进行详细记录与考察。山川河流的走向、地质地貌的特征、动植物的分布、风土人情的差异……这些看似琐碎的信息，在徐霞客的笔下汇聚成册，最终形成被誉为"千古奇书"的《徐霞客游记》。这部著作不仅是中国古代地理学的重要文献，更是世界文化宝库中的瑰宝，展现了中华大地丰富的自然与人文景观。

徐霞客的故事告诉我们，人生的价值并不仅仅在于外在的功名利禄，而在于内心的追求与实现。他用自己的双脚丈量了祖国的大好河山，用文字记录了自然的奥秘与人类的智慧，证明了人生没有白费的路，每一步都通往了更加广阔的天地。他的精神，激励着一代又一代人勇于探索未知，追求真理，不断突破自我限制，实现生命的价值。

如果说古代的徐霞客是在地理的广袤中寻找生命的真谛，那么当代的袁隆平则是在农业的细微处播种希望，收获未来。作为"杂交水稻之父"，袁隆平的名字几乎成为中国乃至世界粮食安全的代名词。在人口众多、耕地有限的状况下，他通过不懈的努力与创新，成功培育出高产优质的杂交水稻品种，为解决中国乃至全球的粮食安全作出了巨大贡献。

袁隆平年轻时，目睹了农民因饥荒而饱受苦难，心中便种下了"让所有人远离饥饿"的梦想。为此，他放弃了城市的舒适生活，一头扎进了田间地头，开始了长达数十年的杂交水稻研究。

面对外界的质疑与技术的重重困难，他从未退缩，始终保持着对科学的敬畏之心和对农民的深厚情感。经过无数次的试验与失败，他终于在 1973 年成功培育出世界上第一个实用高产杂交水稻品种，实现了水稻产量的飞跃性增长。

袁隆平的一生，是与土地紧密相连的一生。他不仅在科研上取得了举世瞩目的成就，更在精神上成为亿万农民的榜样。他常说："我有两个梦，一个是禾下乘凉梦，一个是杂交水稻覆盖全球梦。"这不仅仅是他的个人梦想，更是全人类的共同愿景。他用自己的实际行动，证明了科技的力量能够改变世界，人生的价值在于为社会作出贡献，哪怕是最微小的努力，也能汇聚成改变世界的力量。

无论是游历四方、记录山川的徐霞客，还是深耕田野、解决粮食问题的袁隆平，都用他们的一生诠释了"人生没有白费的路"这一深刻哲理，他们都用自己的方式，探索着世界的奥秘，实现着生命的价值。他们的故事告诉我们，无论身处何种环境，面对何种挑战，只有心怀梦想，勇于探索，坚持不懈，才能在人生的旅途中留下深刻的足迹，成就一番不凡的事业。

在这个快速变化的时代，我们或许会感到迷茫与不安，但请记住，每一段经历都是宝贵的财富，每一次尝试都是成长的阶梯。只要我们不忘初心，砥砺前行，就一定会在各自的领域里做出一番成绩。因为，人生没有白费的路，每一步都算数。

第九章
逆天转运，走向辉煌

在人生的长河中，总有那么一段路，布满荆棘与挑战，让人心生畏惧。但正是这些艰难时刻，铸就了不凡的你。当你选择逆天而行，不向命运低头那一刻起，辉煌便已在远方向你招手。

命运在你手中

今天命运在你手里,你还能去改变;明天你在命运手中,那你只能面对。

每个人成长的阶段不同,对命运的理解感悟也不一样,走自己想走的路就可以了。俗话说"命运掌握在自己手中",这是人生的至理名言。它不仅仅是一句鼓励的话语,也是无数英雄人物用实际行动诠释的深刻哲理。

杜富国,一个名字背后承载着无尽荣耀与牺牲的战士。他出生在贵州省遵义市的一个普通家庭,却用自己的青春和热血书写了不凡的篇章。2010 年,年仅 19 岁的杜富国毅然决然地踏上了军旅生涯,成为一名扫雷排爆战士。在边疆的雷场上,他无数次与死神擦肩而过,用血肉之躯为国人筑起了一道安全屏障。

在杜富国的心中,国家和人民的利益高于一切。当得知部队要组建扫雷大队,为边疆人民彻底清除雷患时,他第一时间向连队党支部递交了申请,主动请缨参加排雷任务。这份担当和勇气,源自他对党和人民的无限忠诚,也源自他对战友和人民安全的深切关怀。在雷场上，他总是冲在最前面，用实际行动诠释着"让我来"的铮铮誓言。

2018年10月11日，杜富国在执行扫雷任务时，发现了一枚加重手榴弹。面对随时可能爆炸的危险，他毫不犹豫地让同组战友艾岩退后，独自上前查明情况。然而，就在他小心翼翼地清理浮土时，手榴弹突然爆炸。在生死关头，杜富国下意识地倒向艾岩一侧，用自己的身体挡住了爆炸的冲击波和弹片，保护了战友的生命，自己却永远失去了双手和双眼。当杜富国得知自己将不得不接受眼球摘除手术，无法继续在雷场上工作的消息时，他依然心系扫雷工作。他表示："如果有机会，我希望能学会播音，把扫雷的故事讲给更多的人听，让更多的人了解和支持扫雷工作。"2022年7月，杜富国荣获了"八一勋章"。随后，他回到部队，与战友们并肩作战，重新开始了早操、理论学习和体能训练。他和连队干部一起制订了详细的学习和训练计划，并表示："回到部队后，我就是一名普通的战士！"对于挫折，他说："我只看我所拥有的，不看我所没有的。"他表示："重回军营，重回岗位，我将以冲锋的姿态和乐观的心态，不辜负青春、不辜负韶华、不辜负时代。"

杜富国用自己的行动证明，即使面对命运的残酷考验，人也能通过自己的选择和行动，成为自己命运的主宰。他用自己的生命书写了忠诚与奉献的壮丽篇章，成为新时代革命军人的光辉典范。

　　杜富国在地面上保家卫国，与他不同，中国机长刘传健则是在万米高空上，用自己的专业和冷静，创造了航空史上的奇迹。2018年5月14日，刘传健驾驶的四川航空3U8633航班在飞往拉萨的途中，遭遇了前所未有的危机——驾驶舱右座前挡风玻璃突然爆裂脱落，机舱内瞬间失压，气温骤降至零下四十多摄氏度，氧气稀薄，仪表盘大部分失灵，飞机处于极度危险之中。

　　面对如此突如其来的灾难，刘传健没有丝毫的慌乱。他迅速冷静下来，凭借丰富的飞行经验和过硬的心理素质，迅速做出了一系列正确的处置措施。他一边向地面紧急报告情况，一边组织机组人员按照紧急程序进行操作。在极端恶劣的条件下，他凭借手动操作，控制住了飞机，并成功备降成都双流机场，确保了机上119名乘客和9名机组人员的生命安全。

　　这一壮举，不仅是对刘传健专业技能的肯定，更是对他冷静果敢、勇于担当精神的赞颂。在生死关头，他用自己的行动证明了"命运在你手中"的真理。他没有被突如其来的灾难击垮，而是用自己的智慧和勇气，把握住了命运的航向，创造了航空史上的奇迹。

　　在人生的道路上，我们会面临无数的选择。每一个选择都如同一个岔路口，引领我们走向不同的命运轨迹。杜富国选择了从军报国、扫雷排爆的道路，他用自己的青春和热血守护了边疆的安宁；刘传健选择了成为一名飞行员，他用自己的专业和勇气保障了乘客和机组的安全。他们的选择，不仅决定了自己的命运，也影响了无数人的命运。

选择了正确的道路之后，还需要付出不懈的努力和奋斗。杜富国在雷场上无数次与死神擦肩而过，但他从未退缩过；刘传健在飞行生涯中始终保持着对专业的热爱和追求，不断提升自己的飞行技能。正是他们的奋斗精神，让他们能够迎难而上、勇往直前。

"命运在你手中"，这句话不仅是对杜富国和刘传健等英雄人物的生动写照，也是对我们每个人的深刻启示。在人生的旅途中，我们或许会遇到各种各样的困难和挑战，但只要我们勇于担当、敢于选择、不懈奋斗，就一定能够把握住自己的命运。

从平凡到非凡的逆转

平凡并不意味着平庸，只要心怀梦想，勇于探索，坚持不懈，终能破茧成蝶，实现从平凡到非凡的华丽转身。

在云南的崇山峻岭之间，有一位教师，她以平凡之躯，书写了非凡的篇章，用一生的坚守与奉献，照亮了无数学子的心灵之路，改变了无数山村孩子的命运。她，就是张桂梅老师，一个在平凡岗位上创造出非凡成就的时代楷模。她的故事，是对"从平凡到非凡的逆转"最生动的诠释，让我们在字里行间感受那份坚韧与执着，理解何为真正的教育情怀与人生价值。

张桂梅老师出生于一个普通的家庭，早年的生活并不宽裕，甚至充满了艰辛与挑战。然而，正是这些经历，锤炼了她坚韧不拔的性格和对知识的渴望。在艰难的日子里，她深刻体会到教育对于改变命运的重要性，这份信念如同种子，在她心中生根发芽，最终长成了参天大树。

1974年，年轻的张桂梅跟随姐姐来到云南，支援边疆建设。在这片陌生的土地上，她先后担任过林场、党校的团支书和政治教员，后来又成为局机关的文书、团支书和妇女主任。这些经历不仅锻炼了她的工作能力，更让她对社会责任有了更深刻的理解。然而，命运的转折发生在1996年，当她因丈夫去世而深陷悲痛时，她选择了前往丽江市华坪县一个贫困而偏远的山村，开始了一段新的教育生涯。

来到华坪后，张桂梅老师面对的是师资匮乏、条件艰苦的山村学校。她没有退缩，反而以更加坚定的步伐，投身教育扶贫的伟大事业。她深知，教育是阻断贫困代际传递的治本之策，只有让山里的孩子接受良好的教育，才能从根本上改变他们的命运。她不仅全身心投入教学，还积极为贫困学生筹集资金、添置衣物，带学生看病，甚至将自己微薄的工资全部用于资助学生。在她的努力下，许多即将辍学的孩子重新回到了校园，用知识点亮了未来的希望。

然而，张桂梅老师的追求远不止于此。她深知，要彻底改变贫困山区的教育面貌，必须创办一所真正属于贫困女孩的高中。于是，她四处奔波，多方筹措资金，最终在 2008 年成功创办了全国第一所全免费的女子高中——丽江华坪女子高级中学。这所学校的诞生，不仅为贫困女孩提供了接受高等教育的机会，更在她们心中种下了梦想的种子。

在创办女高的过程中，张桂梅老师遭遇了无数困难和挑战。她拖着病体，忍受着病痛的折磨，却依然坚持站在讲台上，为学生们传授知识、解答疑惑。她的身影，成为华坪女高最坚实的后盾，也成为无数学生心中的灯塔。张桂梅老师的付出远不止于此。她还兼任华坪县儿童福利院的院长，成为众多孤儿的"妈妈"。她用自己的爱心和耐心，无微不至地照顾着这些孩子，让他们感受到了家的温暖和母爱的力量。在她的关爱下，许多孤儿重新找回了生活的信心，勇敢地面对未来的挑战。

张桂梅老师的坚韧与执着，不仅体现在她的工作中，更体现在她对教育事业的无限热爱和无私奉献上。她常说："只要还有一口气，就要站在讲台上。"这句话，不仅是对她自己的鞭策，更是对所有教育工作者的激励。她用自己的实际行动，诠释了共产党人的初心和使命，展现了新时代教育工作者的崇高精神和责任担当。

张桂梅老师用自己的双手，为贫困山区的孩子们搭建了一座通往梦想的桥梁；她用自己的心灵，点燃了无数学子心中的希望之火。在她的影响下，越来越多的孩子走出了大山，走向了更广阔的天地；在她的引领下，越来越多的教育工作者投身教育扶贫的伟大事业，共同书写着新时代的辉煌篇章。

从平凡到非凡的逆转，需要的是坚定的信念、不懈的努力和无私的奉献。无论身处何种环境，无论面对何种困难，只要我们心怀梦想、勇于担当、坚持不懈地努力下去，就一定能够创造出属于自己的非凡人生。

不鸣则已，一鸣惊人

人生最重要的不是所处的位置，而是所朝的方向。积蓄力量，等待时机，一旦爆发便能让人刮目相看。

不鸣则已，一鸣惊人，这一成语源自古代典籍，用以形容某些人或事物在平时低调沉默，然而在关键时刻却能展现出惊人的才华和能力。这句成语不仅反映了个体的性格特征，也折射出更广泛的社会现象。它告诉我们，有时沉默是一种智慧，而真正的力量往往是在深入准备之后的爆发。我们在生活和工作中，或许会遇到许多人，他们在普通的日子里低调行事，但在特定的时刻却能以卓越的表现给我们带来震撼。

春秋时期，诸侯争霸，烽火连天。楚庄王作为楚国的一代君主，在即位之初并未急于展现自己的雄心壮志，反而选择了隐忍与韬光养晦。楚庄王初登王位时，为了观察朝政动向和让其他国家对楚国放松警惕，他在三年的时间里没有颁布任何政令，也没有在朝政上有所作为。在这段时间里，楚庄王主要沉迷于打猎和游玩，或是与后宫妃子们饮酒作乐，并且严厉禁止任何人劝谏，威胁如果有人敢提出意见，将处以死罪。楚国的大臣们对国家的未来感到忧虑不安。

在这种情况下，楚国的右司马想要劝谏楚庄王，但他无法直接提出建议。一天，他看到楚庄王和妃子们正在猜谜语，灵机一动决定利用谜语来暗示楚庄王。

第二天，他在朝会上给楚庄王讲了一个谜语。他说南方有一种鸟，它在土岗上停留了三年，既不展翅飞翔，也不鸣叫，问这只鸟叫什么名字。楚庄王明白这个谜语是在暗示什么，回答说，这只鸟之所以不展翅飞翔、不鸣叫，是因为在积蓄力量，观察时局。一旦这只鸟飞翔，必将一飞冲天，一旦鸣叫，必将一鸣惊人。

后来，楚庄王觉得时机已到，决定励精图治。他罢免了奸佞，提拔了贤能，励精图治，使楚国国力迅速增强。随后，他亲率大军，东征西讨，先后击败了宋、郑等国，甚至问鼎中原，成为春秋时期的霸主。楚庄王的这一鸣，不仅震撼了诸侯各国，更展现了他深邃的政治智慧和卓越的军事才能。

楚庄王之所以能在短时间内实现由弱到强的转变，关键在于他前期的隐忍与积累。他深知，真正的力量不在于一时的张扬，而在于长期的准备与磨砺。正是这种厚积薄发的精神，让他最终能够一飞冲天，成就霸业。

在现代社会，我们也能看到这样的生动例子。宇航员王亚平出身于一个普通的农村家庭，但从小就对天空充满了无限的好奇与向往。凭借着对航天的热爱和不懈的努力，她一步步成长为了一名优秀的女航天员。在追梦的道路上，她经历了无数次的挑战与考验，但从未放弃过对梦想的追求。

2013 年，王亚平搭乘神舟十号飞船进入太空，成为中国首位太空教师。在太空中，她不仅完成了各项科学实验和技术测试，还通过天地连线的方式，为全国的中小学生上了一堂生动的太空科普课。她的声音和笑容，通过电视屏幕传遍了千家万户，成为无数孩子心中的偶像和榜样。王亚平的这一飞，不仅实现了她个人的飞天梦想，更展现了中国女性在航天领域的卓越风采和无限可能。

　　她用自己的行动证明了，无论性别、出身如何，只要有梦想、有勇气、有坚持，就能创造出属于自己的辉煌。在航天这个充满未知与挑战的领域里，她勇于探索、敢于突破，用自己的智慧和汗水书写了属于中国女性的太空传奇。

　　楚庄王的故事与王亚平的事迹，跨越了时空的界限，产生了深刻的共鸣。他们都用自己的方式诠释了"不鸣则已，一鸣惊人"的哲理，展现了人类追求卓越、勇于探索的精神风貌。它提醒我们在追求目标的过程中，不必急于展现自己，而应在不断的沉淀和积累中，做好充分的准备，待时而动。当我们以这样的心态面对挑战时，我们的努力和付出最终会在某个时刻转化为惊喜。

创新思维，破茧成蝶

　　打破常规，才能促进自我突破，要勇于创新，以全新姿态迎接未来。

　　创新思维，简而言之，就是打破常规、勇于探索未知、敢于挑战现状的思维方式。它不拘泥于现有的框架和规则，而是寻求新的解决方案，开辟新的道路。正如蝴蝶破茧而出，经历痛苦与挣扎，最终展翅飞翔。创新思维也是个人和企业实现蜕变、达到新高度的关键。埃隆·马斯克无疑是这一领域中最为杰出的代表之一。作为特斯拉和 SpaceX 等多家公司的创始人，马斯克不仅仅是一位企业家，更是一位不断挑战现状、敢于梦想的先行者。他的创新历程犹如破茧成蝶的过程，展现了科学与技术的无穷可能。

马斯克对电动汽车的执着追求，正是他创新思维的一次集中展现。在传统汽车行业，燃油车一直是主流，电动汽车因续航、充电等问题而备受质疑。然而，马斯克却看到了电动汽车背后的巨大潜力，他相信这是未来交通的必然趋势。于是，他创立了特斯拉，并致力于将电动汽车从奢侈品变为大众消费品。

特斯拉的成功并非一蹴而就。初期，马斯克面临着资金短缺、技术难题、市场接受度低等多重挑战。但他没有放弃，而是坚持自己的信念，不断投入研发，优化产品性能，降低成本。特斯拉的 Model S、Model X 等车型以其卓越的性能、超长的续航和先进的自动驾驶技术，赢得了市场的广泛认可。特斯拉不仅改变了人们对电动汽车的看法，更推动了整个汽车行业的转型升级。特斯拉不仅仅在技术上取得突破，还在商业模式上进行了大胆创新。通过直销模式，特斯拉绕过了传统汽车经销商的中介环节，直接与消费者进行交易，这种模式大幅提升了用户体验，也增强了品牌的影响力。与此同时，特斯拉还推出了电池储能产品 Powerwall

和 Powerpack，这些创新不仅推动了电动汽车的发展，也促进了可再生能源的普及和应用。

如果说特斯拉是马斯克在地球上的创新之作，那么 SpaceX 则是他在太空领域的又一次大胆尝试。在 SpaceX 公司成立之前，太空探索一直是政府和少数大企业的专属领域，成本高昂、风险巨大。然而，马斯克却看到了其中的机遇，他相信通过技术创新和商业化的运作方式，可以降低太空探索的门槛，让更多人参与这一壮举。

SpaceX 的成功离不开马斯克的创新思维和坚定信念。他亲自参与火箭的设计与生产，引入了可回收火箭的概念，大大降低了发射成本。同时，他还提出了火星移民计划，旨在将人类送往火星并建立永久性基地。这一计划虽然充满挑战和未知，但激发了全球对太空探索的热情和想象。SpaceX 的猎鹰 9 号火箭成功实现多次回收，并成功完成了多个商业载荷和载人航天任务，这标志着太空探索进入了一个新的阶段。

除了电动汽车和太空探索，马斯克还涉足了脑机接口技术和高速度交通系统等前沿领域。通过 Neuralink，马斯克希望通过脑机接口技术，突破人脑的局限，实现人脑与计算机的直接连接，推动神经科学和人工智能的发展。而他的超级高铁项目（Hyperloop）则是为了在未来实现超高速的地面交通，进一步缩短城市之间的距离。

马斯克的成功不仅仅是技术上的突破，更在于他对未来的远见卓识和对创新的执着追求。他的创新思维并不是偶然的结果，而是对问题的深刻理解和对技术的不断探索。他的工作方式和思维模式，不断挑战传统观念，推动科技的发展，体现了"破茧成蝶"的创新理念。

　　从电动汽车到太空探索，从脑机接口到高速度交通，马斯克的每一次尝试都是对传统界限的打破和对未来可能性的探索。他的成功故事不仅激励着科技界和商业界的人们，也为全社会提供了一个关于创新和突破的生动范例。在不断探索和创新中，马斯克不仅改变了多个行业的格局，也为人类的未来发展开辟了新的方向。创新思维如同一双翅膀，使人在逆境中破茧成蝶，飞向更广阔的天空。只有敢于打破常规、勇于探索未知、坚持不懈地追求梦想，才能在竞争激烈的市场中脱颖而出，实现个人和企业的飞跃。